環境カウンセラーの

ガラパゴス見聞録

倉田 智子
Kurata Tomoko

監修
倉田 薫子
Kurata Kaoruko

三省堂書店／創英社

目　　次

ノースセイモア・モスケラ・
バルトラ島　上空

プエルトアヨラ港

国立公園管理局船発着場

ダーウィン研究所　標本庫

サンタクルス市役所

青空博物館　自然が造った骨格標本　（1）

ヤギの親子

駆除犬

植物検疫犬

検疫犬のケージ

ネズミ　生体↑と溺死体↓

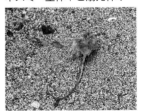

青空博物館　自然が造った骨格標本　（2）

発刊に寄せて

NPO法人 環境カウンセラー全国連合会 代表理事　今井 秀雄

　皆さんもご存じの「ダーウィンが来た」（NHK／日曜19:30）は、生き物の姿を実に克明に映像で伝える番組です。映像技術がない時代、ダーウィンはガラパゴスを訪れ、そこで野鳥や動物など生き物の観察を通して進化論を着想したことが知られています。

　著者は、ガラパゴス諸島で、その持てる好奇心・探求心、そして人一倍のバイタリティを発揮し、この見聞録をまとめました。

　ガラパゴス諸島といえば爬虫類や鳥類などが有名ですが、この見聞録は植物にも注目し、諸島の美しい自然や身近な景色、現地の普通のライフスタイルに密着しており、とても新鮮で親しみがある語りとなっています。

　本著では、得意分野である植物に多くの紙面を割いており、陸や海に生息している生き物との関係をつぶさに観察しているところも大変興味深いところです。こんなに巾広い分野を様々な視点から緻密に調べ、観察したファクト集としてまとめたことへの驚きと同時に、著者のバイタリティに感心させられてしまいます。この見聞録における緻密な観察眼は、長年培った経験とノウハウが結実したものとなって表現されており、とても読み応えのある内容です。

　著者は、環境カウンセラー千葉県協議会に所属し、環境保全の啓発・普及活動においてリーダーシップを発揮され、長年幅広い分野で、地道な努力を継続されてきました。環境カウンセラーは、環境省の施策により1996年に設けられた制度で、自らの経験を活かし、環境保全活動に関する助言をする役割を担っています。

　グローバル時代に相応しい、地球規模での観察は、今や必須の時代になりつつあります。また思考の視点が、身近な気づきから広く地球規模の現象まで、その影響や繋がりを探求することも必要な時代になりつつあります。そして、どの次元でも、どの分野でも、多くの情報が地球規模の課題解決に必要な時代となっています。

　「生物多様性」は世界的に解決すべき課題です。気候変動の解決方法の一つとしても生物多様性による「緩和策」や「適応策」が十分見いだせるのではないかと思う今日この頃です。そのためにも、この本は大変参考になり、示唆を与えるものであると考えます。

　普段着のカウンセリングのような語り風の記述が、多くの人に手に取って読んでもらえるのではないかと、――そして、きっとご満足いただけるものであると信じております。生物多様性の原点として、この島に訪れたいと思っている日本人にとっても非常に参考になる案内書となることでしょう。

2021年4月1日

はじめに

2008年国立科学博物館でチャールズ・ダーウィンの生誕200年、進化論から150年を記念した「ダーウィン展」が開催された。米スミソニアン博物館による企画で、展示物はどれも興味深かった。

それらは知識を満足させるものであったが、日本からの距離を思うとガラパゴスに出かけられるとは思えず、はるかかなたの遠い国のままであった。

ところが急に出かける機会を得、かの地を訪れると、そこは生き物がいることが優先された島であった。

周囲は緑に覆われた地域の舗装された道路を、たった一台の車がカンカンと鐘を鳴らしながら通行する。その理由を聞いたところ、小鳥を轢かないようにという。ゾウガメやウミイグアナを轢いたら免許取り上げになるという話はあちこちで聞かされた。

今回、出来はよくないものの、撮り貯めた写真が多かったこと、動物ばかりが話題になっている現状は不自然ではないかと思っていたことから、先ずはガラパゴスの植物を紹介しようと考えた。

日本では2008年頃から、ガラケーに始まる「ガラパゴス化」というカタカナ語が一般的に使用されるようになった。「もり・ひろし＆三省堂編修所」による「続10分でわかるカタカナ語」第5回（2017年）に「ガラパゴス」が登場し、ガラパゴス化とは「孤立した環境で独自に発達した物事やそのさま」と定義されている。「独自に発達した物事」、「独自進化のため競争力を失った物事」のような言い換えの例も挙げられ、この言い換えが普及して欲しいと願ったが、現状は以前より「ガラパゴス化」という表現が登場する度合いが増している。

農耕地帯の路傍にカルセオラリア（巾着草）を見つけた時、あまりに小さな花に、これはここの「固有種」ではないかと思った。しかしダーウィン研究所の最新の文献では，大陸のものと同じ種として認識される在来種となっている。一方でニワゼキショウ（p.103）は当初「移入種」とされたが、2018年、精査により固有種 Sisyrinchium galapagense にあらためられた。

ガラパゴス固有種になったこの例が、本来の「ガラパゴス化」という意味ではないだろうか。特異な環境で唯一の進化を果たしてきたガラパゴスの生物たちへの敬意と理解を、本書で伝えられたらと思う。

ウミイグアナが通ります

Calceolaria meistantha　　カルセオラリア

序 章
ガラパゴス諸島の基礎知識

1 ガラパゴス県の全容

小さな島の位置を示す 1．バルトロメ島 2．ダフネ島（大小） 3．ゴードンロック 4,6．プラザ島（南北）
5．ノースセイモア島 ＊バルトラ島 とノースセイモア島の間にはモスケラ 島

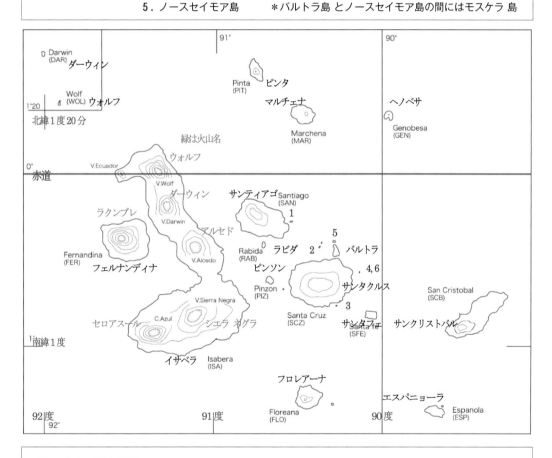

ガラパゴス諸島諸元：エクアドル共和国ガラパゴス県

位 置：北緯 1°40' 南緯 1°24'
西経 92°00.33' 西経 89°13'
県 都：プエルト・バケリソ・モレノ（サンクリストバル島）
諸島面積：7,995.4 km² 10 km²以上の島13、
それ以下で名のある島 約65、その他島や岩礁など約120
うち居住区：262.8 km² 農牧地区を含む人間の居住区 4島（諸島の3.3 %）
人 口：25,389人（2015年国勢調査）
世界遺産：1978年世界遺産第 1号登録
国立公園：7,732.6 km²（諸島の96.7 %）
海洋保護区：133,000 km² 諸島の周囲40海里の海域（居住区の港等を含む）

表1　居住区4島の概要

島の名称	略称	特　徴	人口（人）	面積（km²）
サンクリストバル島	SCB	県　都	7,088	558
サンタクルス島	SCZ	観光の中心	15,701	986
イサベラ島	ISA	一番大きな島	2,344	4,588
フロレアーナ島	FLO	定住が一番早い島	111	173

2015年国勢調査

表2　島の呼称　Island Cords（ダーウィン研究所による）

略号　島の名前		略号　島の名前	
BAR：Bartolome　バルトロメ	1	PIT：Pinta　ピンタ	
DAR：Darwin　ダーウィン		PIZ：Pinzon　ピンソン	
DMA：Daphne Mayor　ダフネ メイヤー	2	RAB：Rabida　ラビダ	
ESP：Espanola　エスパニョーラ		SAN：Santiago　サンティアゴ	
FER：Fernandina　フェルナンディナ		SCB：San Cristbal　サンクリストバル	
FLO：Floreana　フロレアーナ		SCZ：Santa Cruz　サンタクルス	
GEN：Genovesa　ヘノベサ		SEY：Seymour　ノースセイモア	5
GOR：Gordon Rock　ゴードンロック	3	SFE：Santa Fe　サンタフェ	
ISA：Isabela　イサベラ		SPL：Plaza Sur　サウスプラザ	6
MAR：Marchena　マルチェナ		WOL：Wolf　ウォルフ	
NPL：Plaza Norte　ノースプラザ	4		

緑色は居住区がある島　数字は前ページにおおよその位置を示している島
　2は「フィンチの嘴」舞台　3は海洋生物の観察ポイント

表3　人口統計

年	人	備　考
1950	1,346	
1962	2,391	
1974	4,078	
1982	6,201	
1990	9,785	
1998	16,083	
2010	25,124	国勢調査による
2015	25,244	国勢調査による

2001年JICA自然環境保全協力報告書に追記

赤道という名の国 "エクアドル"

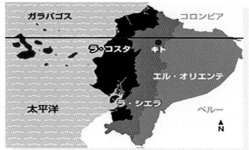

エクアドル共和国概要

面積：25.6万 km²　　　　緑：アマゾン　　（熱帯雨林）　　エル・オリエンテ
人口：1,751万人（2020年）　茶：アンデス　　（山岳部）　　ラ・シエラ
首都：キト（標高2,800 m）　紺：太平洋地域（熱帯低地）　　ラ・コスタ
言語：スペイン語　　　　　赤：ガラパゴス（海洋性気候）　ガラパゴス
宗教：カトリック
＊外務省エクアドル基礎データ　https://www.mofa.go.jp/mofaj/area/ecuador/data.html
　図は駐日エクアドル大使館HP（2018.8 閲覧）

ガラパゴスの気象と生態系

　ガラパゴス諸島周辺は熱帯である。しかし、南極海から南米大陸沿いに寒流が北上してくるため、通常でも海水温は低く、海面からの蒸発量が少ないため雨も少ない。海水温の違いをサーモグラフで可視化すると下図のようになる。

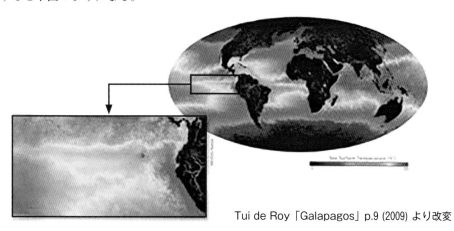

Tui de Roy「Galapagos」p.9 (2009) より改変

エルニーニョとラニーニャ（気象庁HPより）

海水温の変化により気温や降水量が変動する、地球規模の気象の変化

エルニーニョ現象：太平洋赤道域の日付変更線付近から南米沿岸にかけて海面水温が平年より高くなる。

ラニーニャ現象　：同じ海域で海面水温が平年より低い状態が続く。

どちらも、その状態が1年程度続き、それぞれ数年おきに発生する。

エルニーニョ監視海域　　　　　　　　http://www.ima.go/jma/kishou/info/coment.html

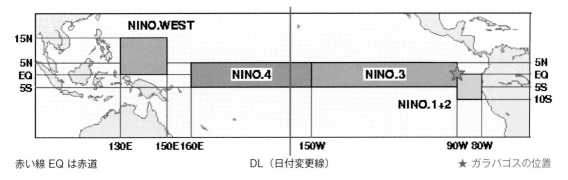

赤い線 EQ は赤道　　　　　　　　　　　DL（日付変更線）　　　　　　★ ガラパゴスの位置

1．エルニーニョ監視海域：NINO. に続く番号は南米大陸からの区分。1〜4までが監視海域。

2．「NINO.1 + 2」は赤道から南緯10度、「NINO.3」と「NINO.4」は北緯5度から南緯5度。

3．「NINO.WEST」はこの海域の海面水温が日本の天候とかかわりが深いため、気象庁が独自に設
　　定したもので西太平洋熱帯域といい、赤道から北緯15度、東経130度から東経150度の区域である。

ガラパゴスの生態系

　　陸上・海辺・海中の3つに分けられ、気象と連動する。以下は三大生態系の模式図である。

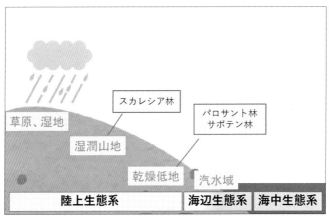

図1　生態系　ガラパゴスのふしぎ（日本ガラパゴスの会編 2010）p.56「三大生態系の模式図」を改変（K.KURATA）

　　エルニーニョが起きると、陸上は雨に恵まれ、生き物は動物も植物も増加が著しい。一方で海域の
水温が上がるため、海藻の生育は悪くなり、海藻を摂食するウミイグアナは大量に餓死する。また、
魚も少なくなり、海鳥やアシカやオットセイも激減する。ラニーニャでは低温と乾燥が起き、陸上は
雨が降らず乾燥し、植物は枯れ鳥や昆虫は激減する。一方、海水温低下でプランクトンなどが増え、
それを餌とする海洋生物が増える。

　　それぞれ数年おきに発生、海と陸の生態系は正反対の様相となる。どちらの現象もガラパゴスのみ
ならず、日本を含め世界中で異常な天候が起こる。

2 ガラパゴス諸島発見

　1535年3月10日、スペイン人司教　フレイ・トマス・デ・ベルランガとその一行の乗る船は、ガラパゴス諸島に漂着した。4月26日付のローマ法王宛手紙には、パナマを出帆し大陸に沿って南下、その後、無風状態の中、海流に捉えられ流され、ある島にたどりついたこと、水や馬の秣を求めて上陸したが、なかなか果たせなかったこと、目にした生き物のことなどが記されている。漂着したのはどの島か定かではない。

　ガラパゴス諸島の50万分の一の地図にはイサベラ島、標高400 mの地に Tomas de Berlanga と記されている。「ガラパゴス発見の司教の名」に因んでつけられたと思われる。漂着した島はイサベラ島だったのかもしれない。近くにはサントトマスという19世紀末に開拓された集落があり、ダーウィン研究所の「コラソンベルデ」（緑のセンター）という施設がある。

生誕地スペイン・マドリード北東ベルランガ・デ・ドゥエロ（Berlanga de Duero）に建つ司教の像
南米大陸の台座に立ちゾウガメとワニを従える

フレイ・トマス司教の報告にあった　生き物たち

300年後のダーウィンとビーグル号

　ビーグル号はイギリスの測量船、イギリスの科学者・ダーウィン（Charles Robert Darwin 1809～1882）はビーグル号が南米の沿岸を測量している間、内陸の調査・探検をした。

　ガラパゴス諸島海域にいたのは1835年9月15日～10月20日の約5週間、各島の滞在は、サンクリストバル島4カ所5日間、フロレアーナ島2カ所4日間、イサベラ島1日のみ、サンティアゴ島2カ所9日間であった。

ビーグル号の航跡　サンクリストバル島　　ダーウィンの上陸地　　日本ガラパゴスの会　HPより

【ダーウィンに因む地名など】

　ガラパゴス諸島の最北の島「ダーウィン島」、ヘノベサ島の「ダーウィン湾」、イサベラ島には「ダーウィン湖」がある。その北東に「ダーウィン火山」、南に「ビーグル湖」が位置する。サンタクルス島には島の南側にダーウィン通りがある。

ダーウィン湾（ヘノベサ島）　　　ダーウィン湖（イサベラ島）　　　ダーウィン通り（サンタクルス島）

　イサベラ島のダーウィン湖は大航海の時代から投錨地として、多くの船舶に利用されてきたタグスコーブ（タグスの入り江）に接する。「タグス」はイギリスの船の名である。多くの船が停泊した痕跡は、露出した熔岩壁のあちこちに、書き込みが今も残っている。

　ダーウィン湖を前にナチュラリストガイドは「ダーウィンが湖の水を飲んだところ塩っぱかった。海とつながっている～」といった。「ダーウィンはダーウィン湖の水を飲んだ」と聞こえてしまう。ダーウィン湖も塩湖であるが、飲んだのはビーグル湖の水である。

タグスコーブ到達の証　年と船名　　1959年 東京水産大学・海鷹丸（p.13）もその名を記したという

3 ガラパゴス諸島の歴史

(1)　発見から海賊船横行時代

1535　パナマの司教 フレイ・トマス・デ・ベルランガ　ガラパゴス諸島発見

1569　世界地図に、インシュレ・デ・ロス・ガロペゴス（ゾウガメの島）として記された

　　　　付近の海域は海賊船が横行、ガラパゴスは食料や水の補給、隠れ家、避難場所となった

　　　　イギリス人の海賊たちは詳しく記録を残し、彼等による命名が今も島の英名として残る

(2)　捕鯨船と入植時代

　　　　ガラパゴス諸島はマッコウクジラの移動ルートにあたり、水と食料の補給地として米英の捕鯨
船が利用

　　　　「白鯨」の著者ハーマン・メルヴィルも近海を航海

1807　パトリック・ワトキンス（海賊）フロレアーナ島に数年間在住、野菜を捕鯨船に販売

　　　　この頃、地図作成のため測量目的の船が頻出、測量のほか、島の自然や動植物につき記録

1822　グラン・コロンビア（コロンビア・ベネズエラ・エクアドル）としてスペインから独立

　　　　地図にはガラパゴス諸島が詳しく書かれるようになる

1830　エクアドル　グラン・コロンビアから分離独立

1832　エクアドル　ガラパゴス諸島領有宣言　以後125年間、政治犯の流刑植民地となる

　　　　フロレアーナ島 1834〜1880　サンクリストバル島 1880〜1946　イサベラ島 1946〜1959

1835　ビーグル号　ガラパゴスに到達

　　　　フレイ・トマス司教の発見から奇しくも300年後のことである

1892　ガラパゴス諸島「地理上の正式名称」コロン諸島となる。アメリカ発見400周年を記念

（3）　保全と開発の記録

1934　最初の野生動物保護区　捕獲を禁止　環境の保護には至らず、入植者、農地、家畜増加

1935　サンタクルス島　入植開始（1926年という記録もあり）

1942〜47　バルトラ島に米軍基地設置

1959　**ガラパゴス国立公園制定**（「種の起源」100周年記念）＊諸島全体定住者1,000〜2,000人

1964　ガラパゴスへの新規入植禁止

　　　　サンタクルス島にダーウィン研究所設立

1968　大陸・ガラパゴス間　航空路開設

1973　ガラパゴス県制定

1976　イタバカ海峡からサンタクルス島内縦断道路が完成

1978　**ユネスコ世界自然遺産　第一号登録**

1998　ガラパゴス特別法制定

2001　**タンカー　ジェシカ号燃料流出**

　　　　海域についても世界遺産登録となる

2007　危機遺産指定

2010　危機遺産解除

2011　東日本大震災

イサベラ島　農業地帯の案内板

4 日本人が関わった学術探検隊

　世界自然遺産登録以前のガラパゴス諸島における調査に、直接日本人が関わったものは、次のものが挙げられる。

（1）　「1932年のガラパゴス諸島に足を踏み入れ記録した日本人がいた」　国立民族学博物館企画展より

　ガラパゴスに最初に足跡を残した日本人は、朝枝利男（1883〜1968）である（p.170）。1932（昭和7）年、米国カリフォルニア科学アカデミーの Templeton Crocker（テンプルトン・クロッカー）調査隊に、朝枝はカメラマンとして参加した。

　2018年10月、毎日新聞にコラム【旅・いろいろ地球人―日本から遠く離れて】丹羽典生（国立民族学博物館）の記事が4回にわたり連載された。「朝枝利男とは誰か」に始まるこの記事は、朝枝利男コレクションのデータベース構築事業の成果である。

　朝枝コレクションは氏の親族から寄贈されたもので、6,243件の画像データ（アルバム16冊及びフィルムをデジタル化したもの）、水彩画（136枚）、日記（4冊）、樹皮布（1枚）、未整理のメモ等から成り、画家・写真家・剥製師として活躍した様子がうかがわれる。

　サンタクルス島 最高峰クロッカー山（p.82）と、キク科の木本スカレシア・クロッケリ（p.78）は調査隊長テンプルトン・クロッカーの名に因んでつけられた。また、探検隊の船、ザカ号の名は、ノースセイモア島に自生するウチワサボテンに残る。

コレクションを基に、「朝枝利男の見たガラパゴス——1930年代の博物学調査と展示」が開催され、会期は2020年1月16日(木)〜3月24日(火)であったものの、この年流行した新型コロナウイルス感染拡大防止のため、2月27日(木)で閉幕となってしまった。

クロッカー山　尾根　2010.10（ガルア季）

企画展ポスター
（国立民族学博物館提供）

Opuntia echios var. *zacana*　2011.6（p.68, 69）

(2)　1959（昭和34）年　海鷹丸

　1959年、ガラパゴス諸島は『種の起源』出版100年を記念して国立公園に制定された。

　この年、東京水産大学「海鷹丸」は創設70年の記念事業として南太平洋の海域を目指した。これは練習航海であり、公的な学術調査団ではないというものの画期的な取り組みである。

　調査隊は新野 弘を隊長に学内外から3名ずつ、総勢7名で構成された。新野 弘（地質・地形・海洋学）、宇野 寛（水産動物学）、三浦昭雄（水産植物学）小倉通雄（漁業）、関口晃一（東京教育大学・陸上動物）、小野幹雄（東京大学・陸上植物）、岡田峻（中央大学・語学）、船長は小沢敬次郎で鳥類を担当した。

この時期での出航はまさに快挙、日本においてガラパゴスが一般に知られるきっかけとなったことには間違いない。現在に続く当時の現地の様子、国内外で海鷹丸の果たした役割を広く知られて欲しいと思い、第五章に「海鷹丸のガラパゴス」としてまとめた。各学会誌やその他の記録や報告など詳細は、p.195〜203にある。

(3)　1964（昭和39）年　カリフォルニア大学ガラパゴス国際科学事業計画

（GISP，Galapagos International Scientific Project）

　カリフォルニア大学バークレー校とカリフォルニア科学アカデミーによる、35日間の学術調査が実施された。調査隊員は8カ国から40名が参加、全員がこの年のダーウィン研究所落成式に出席した。日本からは日本自然保護協会研究員であった伊藤秀三（長崎大学名誉教授）が、このプロジェクトに参加した。分野は植物生態学、自然保護である。

　伊藤秀三は1970（昭和45）年、文部省長期海外研修によりダーウィン研究所で調査に当たった。その後も何度もガラパゴスに赴き、調査に取り組んだ。現在、チャールズ・ダーウィン財団の評議員を務めている。

　長崎大学図書館では伊藤秀三の、1964年から38年間16回に及ぶ調査による、植物など3,000枚を超えるカラースライドのうち約1,300枚を収蔵、植物の同定のほか、生態などを記し、データベース化した。

　以上(1)〜(3)は「日本・ガラパゴス50年史」に詳細がある。(2)では日本では知られていなかったガラパゴスの火山や動植物などの自然史が、(3)ではそれらに加えて海賊や捕鯨など歴史のほか、探検史・開拓史・学術探検史がもたらされた。これらをきっかけに、メディアの取材も相俟って、ガラパゴスへの自然探訪が盛んになっていく。

日本　エクアドル外交関係樹立100年と野口英世

　日本とエクアドルは、1918年8月26日に外交関係を樹立した。2018年は100周年にあたる。

　公式ロゴマークはエクアドルのダニエル・アレハンドロ・デ・トーレ氏の作品（左側・鶴、右側・コンドルのデザイン）が採用された。図柄は下記から確認できる。

https://www.mofa.go.jp/mofaj/press/pr/wakaru.topics/vol167/index.html

　野口英世は1918年　エクアドルに黄熱病の研究に赴く。千円札の肖像は、この時グアヤキルで撮影されたものという。

福島県出身の偉人　野口英世（1876〜1928）

第一章
ガラパゴスへ
海から生まれた島々

S.KURATA

首都キトから国内線に搭乗

Chequeo de Equipaje Pasajeros a Galápagos
Baggage Check for Galapagos Passengers

荷物を預ける

キト空港は標高 2,800m

1 ガラパゴスの地を踏む

　ガラパゴスと聞いたら、何を思い浮かべるだろう。まずはイグアナ、ゾウガメ、または世界自然遺産、ダーウィンの進化論の島。それとも「世界基準に満たない、独特な」ものや現象だろうか。自然を扱う者としては前者であってほしい。動物は圧倒的に目を引くが、植物も話題には事欠くことなく興味深いものがたくさんある。

　ガラパゴス諸島への国際線直行便はない。本土（首都キト、グアヤキル）よりバルトラ島行きの国内線に乗る。旅客機内では着陸前に、ショータイムのような動きがある。荷物を下ろす前に殺虫殺菌剤を吹き付けるシーンである。ガラパゴスに菌類や虫を運ばないよう、事前防御する。これを初めて見た時、もろい、壊れやすい自然、人との接触が生き物に害を与えるかもしれないことと察知し「フラジャイル fragile」という語が思い浮かんだ。危険回避の作業は「儀式」でもある。

　「赤道」、「熱帯」という語は「緑あふれる」というイメージだろうか。

　島が見えてくる。しかし、台地に緑色は見当たらず、土色が広がるばかり、植物は枯れ果てているかのように見えた。ガラパゴスはガルア季という肌寒い、どんよりした気候の季節を迎えていた。

　6月再訪時は『フィンチの嘴』の舞台、大ダフネ島が眼下に見えた。本当に同じ上空だろうか。機上からでも季節の移り変わりは分かる。季節とは劇的に景観を変えるものと痛感した。

9月　バルトラ島　　　　　　　　　　　　　6月　ダフネ　メイヤー（大ダフネ島）

← ノースセイモア島　思いがけない景観！
【バルトラ島と同じ隆起海岸段丘の平坦な島で
基盤は石灰岩と角礫岩溶岩の互層でできている。
石灰岩は巻貝や二枚貝、石灰藻、有孔虫などの
化石を含む】
新野 弘「ガラパゴス群島調査概報」より

　航空機は空港のあるバルトラ島に着陸。タラップを降りると、靴底の消毒マット、荷物のチェック、入島料の支払いへと続く。バスと船を乗り継ぎサンタクルス島を目指す。岩礁にはマングローブが茂り、カッショクペリカンの姿がある。

　サンタクルス島へ渡ると、さらにバスでプエルトアヨラへと40km程南下する。3種の乗り物の乗り継ぎにより、遠くまで来てしまったとつくづく思う。

　ほかにもグアヤキル経由の飛行便やサンクリストバル島へのフライト、観光船など手段がある。

イタバカ海峡　対岸サンタクルス島

岩礁にはマングローブ

出迎え、客待ちの車

塩生植物 ソルトブッシュ

乾燥地の植物 パロサント

サルオガセがからみ垂れ下がる　　湿潤地　ロスヘメロス　　　営農地　バナナとコーヒー

　道路はまっすぐ一本道、両側の景色は溶岩の荒々しい台地から、緑の彩りがその面積を増していく。乾燥地帯を抜けると、天候までが変わる。雲霧が漂い、木に付着したサルオガセのような地衣類が緑白色から暗褐色に変わった辺りで一番高い峠に到達したようだ。

　ここからは下る一方で、牧場には牛の姿がポツンとあった。農耕地にはコーヒーやバナナが目立ってきた。高木化したキク科のスカレシア自生地「ロスヘメロス」を通過し、農業地帯に入る。道路の両側に人家が見えてくる。

　町に到着するまでに一通りの「植生の変化」：海岸～乾燥地～移行帯～湿潤高地帯、さらに営農地、牧地、街区とまるでパノラマを見ているかの如く体験した。目的地への移動だけでこのような体験ができるとは思ってもみなかった。

サンタクルス島内地図

1に上陸、3の地点までは登る一方
3から7、8は牧草地帯
10は終点の街と港

1．イタバカ
2．ラスバーチャス（p.149～150）
3．ロスヘメロス（p.27）
4．セロメサ（p.90）
5．メディアルナ（p.82）
6．セロクロッカー(p.13)
7．サンタローサ（ゾウガメ避難地）
8．ベジャビスタ（7km）避難地
9．ガラパテイロ（道路の終点）
10．プエルトアヨラ（港）
11．トルトガベイ（p.59,71）

2 島の成り立ち

　この島に生物が存在するようになった過程を、田川日出夫「生物の消えた島」（1987）から紐解いてみる。

　　【1883年8月、インドネシアのクラカタウ島は噴火により島の大部分が消失した。噴火による津波は鹿児島市の甲突川にまで押し寄せてきた。クラカタウ島では島が火山灰で埋まり、谷は黒焦げになった木のみ、という景観が一か月後に確認された。

　　　噴火から3年後、内陸の火山灰の表面にはラン藻類が生え、シダ類も芽生えていた。海岸ではココヤシなどの種子が打ち上げられ、デイゴ、グンバイヒルガオ、ゴバンノアシなどの芽生えも見つかったと報告されている。噴火の13年後にはこの時見つかった種子が芽を出し育っていた……】

　生物が消えた島のその後は、ガラパゴスに生物が到達していくことと本質的には変わらない。しかし、特記される相違点は、クラカタウ島にはもともと生息していた生物が一部残っていたこと、周辺に多くの島々が存在していたことだ。一方、ガラパゴスは陸地から1,000kmの距離を保つ海洋島である。

　大洋上にあって、過去に大陸と地続きになったことがない島を「海洋島」という。日本では小笠原諸島が海洋島になる。過去に大陸と陸続きになったことがある島は「大陸島」という。

(1)　プレートの動きと火山島の形成

　火山島は地球の内部から噴き上がるマグマにより、島が誕生する。

　ガラパゴス諸島はナスカプレート上にあり、500～1,000万年前、ホットスポットからの噴火により各島が生まれた。ナスカプレートは一年に5cmほど、南米大陸方面（南東方向）へと移動している。噴火後、プレートの移動と、風化や侵食を受け、500万年後には海面下に没していく。

　地図を見ると一番新しい島、フェルナンディナ島から、エスパニョーラ島まで、南東に向かって、島々が並んでいる。

図2　島の生成と消滅
Islands that are born in the interior of the Earth.

図3　プレートの動き

太平洋プレート　ナスカプレート　ココスプレート

SCBインタープリテーションセンター展示より作成

溶岩の島の溶岩　いろいろ

　溶岩には様々な形態がある。居住地内にも間近に見本はいくらでも見られる。島はどこも溶岩であり、道路の舗装材さえ溶岩の加工品である。

ダーウィン研究所付近の海岸

居住地を分ける崖線（p.38）

断層に見る溶岩

　溶岩は「アア ラバ（aa lava）」と「パホエホエ ラバ（pahoehoe lava）」が基本という。地質の専門家から「語源は滅亡したハワイ王朝の言語が、溶岩の状態を的確に表していたため学術用語とした」とご教示いただいた。パホエホエが地表を流れ下るときに表面のみが早く冷えて固まり、内部は液状のまま流れ続ける。やがて溶岩の噴出が止まり、流下する溶岩の供給が止まるため内部に空洞ができる。溶岩トンネルも溶岩チューブも規模の大小で呼び名が変わるだけで、成因は同じである。

アア ラバ（刺状溶岩）マグマの粘性が高い

パホエホエ ラバ（縄状溶岩）マグマの粘性が低い

　溶岩が通り抜けた痕跡の証、溶岩トンネルは、サンタクルス島では現在２カ所の見学地がある。次頁写真の内、左の二枚はベジャビスタの溶岩トンネルの施設の案内板である。

　農業をしようと土地を購入したら、畑の中に溶岩トンネルが見つかったという。南米で２番目の規模というが、存在が知られてからまだ間がない。

　見学者はこの時わずか２名、内部は、照明はあるものの暗すぎて足元の予測がつかず、間近に見える溶岩の様相に恐怖を感じ、トンネルを出た時には緊張により頭痛が生じた。

　右は有名なビジターサイト「エルチャト」の溶岩トンネルである。ただ一カ所、天井からの垂直壁があり、ここを通り抜けるのに難儀した。

ベジャビスタ　溶岩トンネル見学施設

案内図

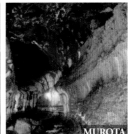
エルチャト

　ある時出かけたクルーズ船内では、夕食後ナチュラリストガイドによるプレートテクトニクスのレクチャーがあった。上陸地では現物を前に「はい、これは？」と前夜のおさらいになった。
　別の島では「中は空洞だから足元注意」などナチュラリストガイドから声がかかり、火山起源の島ならではの案内に感心した。

ビジターサイトは断崖絶壁の上

火口近傍 スパターコーン　板状溶岩が湾曲したもの

溶岩ドーム

柱状に並んだ溶岩は造園地のよう

柱状溶岩の頭部分

シエラ ネグラ　カルデラ

人家近くの荒々しい溶岩原

風化が始まっている溶岩原

（2）　生物はガラパゴスにどのように到達したのか

・**風（Wind）により運ばれる**　　気流に乗る。または風まかせ

・**鳥（Wing）により運ばれる**　　鳥の脚や体につく。食べられ、種子はフンと一緒に排泄される

・**海流（Wave）により運ばれる**　直接または漂流物などによる

図4　海洋島に移動する手段
小笠原諸島に学ぶ進化論（清水善和, 2010, p.28）「長距離散布
３つのW」より改変（K.KURATA）

　　海洋島では、この「３W」以外に生物が島にたどりつく手段がない。したがって３Wを利用できる生物のみが移入可能であり、生態系を構成する生物種に偏りが生ずる。

　　諸島をめぐる潮流は下図のようである。パナマ海流からアシカが、ペルー海流によりペンギン、オットセイが到達した。

図5　ガラパゴス諸島周辺の海流と生物の移動　SCBインタープリテーションセンター展示より

（3） ガラパゴスは火山・溶岩の島 今なお噴火が続く

2018. 6. 16 フェルナンディナ島・ラクンブレ火山 （1,476m）
2018. 6. 26 イサベラ島・シエラネグラ火山 （1,124m） 下図

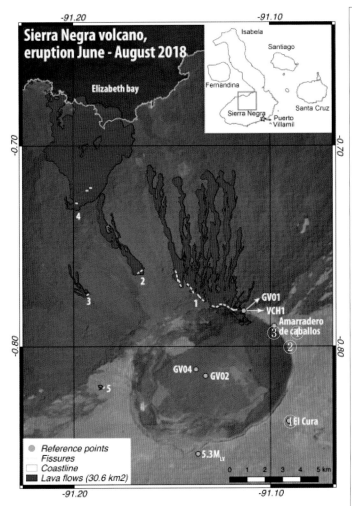

イサベラ島 シエラネグラ火山：Vasconez et al.（2018）より

④ 頂上のポイント

③ 火口を臨む

② ビューポイント

① 国立公園案内板 2010.10

　今回の溶岩噴出口は4カ所、最北端の4番目の噴出口から
エリザベス湾（p.69, 199）まで流出し、約1㎢面積が増えた。
　2020年1月12日 フェルナンディナ島 ラクンブレ火山が
噴火した。噴火は次のステージに入ったというが、この島で
は火山噴火で絶滅とされたゾウガメが2019年、113年ぶりに
発見され、現在も捜索が行われている。更なる発見を期待し
たい。

3 ガラパゴスの植生

イサベラ島の岩礁に白いものを遠目に見た時、鳥のフンと思い、悠久なガラパゴスの時間に、いつしかリン鉱石になるのだろうと思っていた。しかし間近に見ると、なんと別物であった。

白っぽい地衣類の名前はわからないが、海流に乗って種子が運ばれる「ペチュニア」の芽生えもあり、「みどり誕生劇場」の幕は上っていた。

(1) 先駆者：ヨウガンサボテン *Bracbycereus nesioticus*

何もない溶岩上に他種に先駆けて生育を始めるというヨウガンサボテンは見られないだろうと思っていた。そのため本種の絵葉書を見付けたときはたくさん買い込んだ。この種は縄状溶岩（パホエホエ pahoehoe lava）上に自生すると図鑑に記載されている。

初めて実物を見たのは、エコツアーのヨット（40人乗り）の乗客として諸島を回った際のヘノベサ島である。ビジターサイトの急な斜面を登りきると、海へと続く台地は溶岩の見本園のようであった。その後、バルトロメ島でも見かけた。フェルナンディナ島はさすが現在も噴火が続く若い島ならではの光景で、大きな株がたくさんあった。イサベラ島南部、空軍滑走路に近い溶岩地帯でも見ている。サンティアゴ島やピンタ島にも生育するようだ。

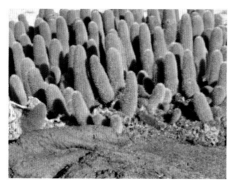

S.KURATA

(2) 植生

エクアドルはスペイン語で赤道という意味で、地理的には熱帯である。本土はアマゾン、アンデスと太平洋地域の3地区に分けられる。気候は熱帯雨林と山岳部極寒地（雪がある）、海に面する地域は熱帯低地となる（p.7）。

ガラパゴス諸島は海洋性気候で、1〜5月の雨季と 6〜12月ガルア季（雲霧期）の2季に分かれる。世界の平均気温は熱帯低地で 26〜27.5℃に対してガラパゴスは 23.7℃、湿度は低い。

　9〜12月初旬は海水温も気温も低く、涼しめで寒く震えた日もあった。茶色に枯れ果てた台地だけでなく緑のガラパゴスを見たい気持ちが募り、6月に再度出かけた。雨量が多い時期は2〜5月であるため、すでに好機を逸していたようで、木々は葉を落とし始めていた。

　気候や地形・土壌によりその地域独特の植生が形成されるのはガラパゴスでも同様である。ただ標高や島の位置により変化が著しい。ここでは主にサンタクルス島の傾向をまとめる。

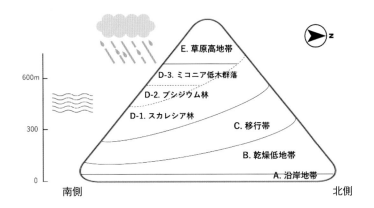

図6　サンタクルス島の気候と植生
島の南側は南東貿易風が直接当たり降水量が多いのに対し
北側は降水量が少ないため植生帯は上方にずれる
ガラパゴスのふしぎ（p.70）より改変（K.KURATA）

A.　沿岸地帯　Coastal Zone

　沿岸は水際との距離によって異なるものが自生する。潮の干満で水位が上がり下がりする潮間帯に生えるものをマングローブと呼ぶ。マングローブは特定の植物を指すものではなく、シダやヤシも含まれ、塩分に強い耐性を持った塩生植物の総称である。

　浜にはイネ科、カヤツリグサ科が這い、陸寄りにはインクベリー、グンバイヒルガオなど、大きな個体が現れる。

マングローブ植物

満潮になると海水につかる

砂浜・砂丘植物群落

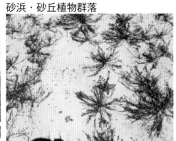

僅かな水分でも成長できる植物

草本群落

インクベリー *Scaevola plumieri*

B. 乾燥低地帯　Arid Zone

　ガラパゴスは溶岩で形成されているため、基盤岩が水を通しやすい上、土壌が薄く、水分を保持できないので乾燥地帯と同じ環境といえる。噴火後間もない島にはヨウガンサボテン、土ができてきたらハシラサボテン、土が増えてきたらウチワサボテンが生えるという。

　乾燥地の樹木の代表はパロサント（ブルセラ　*Bursera* p.17）やパーキンソニア（p.95）である。パロサントはスペイン語で「聖なる枝」という意味で、キリスト教会で香木として礼拝に使われたが、現在は保護され伐採は禁止である。固有種（*B. malacophylla*）と在来種（*B. graveolens*）の2種あり、固有種は3m程度の高さになる。葉は鮮やかな緑、大きくなる性質を持つものが在来種で、南米各地にも自生する。雨の降る数週間のうちに展葉、開花、結実し、一年の内8カ月以上は休眠している。

ハシラサボテン群落　　　　　ウチワサボテン群落　　　　　パロサント林（若木）

いずれもサンタクルス島

C. 移行帯　Transition Zone

　標高が上がると共に、次第に気候が変わっていく。木々にサルオガセ（緑白色の種）が絡む。
サルオガセ類（地衣類）コケ類　シダ類

サルオガセ　緑白色　　　　　ウラボシ科 *Polypodium phyllitidis*　ウラボシ科 *Doryopteris pedata*
　　　　　　　　　　　　　　　　　　　　　　　　　　　　　　　英名　ハンド ファーン（写真中央）

D. 湿潤山地帯

　木に絡むサルオガセが茶色に変わってくると、そこは降雨量が多く湿潤で、営農可能な地帯である。
　年間雨量が1,000ミリを超すこの地帯、湿度は常に高い。固有種であるスカレシアの高木種やミコニアの自生地にあたる。営農地と重なるが現在は保全に力を入れている。

D-1．スカレシア林

サンタクルス島　Los Gemelos　ロスヘメロス　　陥没地周辺はスカレシア林

D-2．プシジウム林

サルオガセ　茶色　　　　　　コケ類　　　　　　　　グァバ（プシジウム属）

D-3．ミコニア低木群落

ミコニアはサンタクルス島とサンクリストバル島、2島にのみ自生する。

サンタクルス島　Cero Crockerクロッカー山（864m）サンクリストバル島　ミコニアの花

E. 草原高地帯　Grass Highland Zone

　木性シダとミズゴケ湿原に低木類がある。サンタクルス島とイサベラ島の２島に自生するペルネチアは、風衝地に生息している。

Pernettya mucronata　サンタクルス島　イサベラ島

　筆者の自然活動は富士箱根伊豆国立公園サブレンジャーに始まる。ゴールデンウィーク、夏休み、シルバーウィークの時期に神奈川県箱根町芦ノ湖畔・桃源台の環境庁（1985年当時）ビジターセンターに出向いていた。センターから大涌谷間の自然探勝路の往復を、参加者を引率し自然や地理の解説をするボランティアである。

　この活動にとどまらず、神山や足柄山、歴史をたどるコースなど自己研修として歩く中で、箱根町主催の「二子山観察会」を知った。ハコネコメツツジ開花期の一日のみ解放されるが、梅雨の時期のため行事催行は天候次第、午前６時の天気予報で「降水確率30％以下」の場合実施となる。参加した年は天候が急変した。暴風雨にさらされた小学４年生は下山後「ハコネコメツツジの気持ちがよく分かった」といっていた。風衝地の厳しい環境を、身をもって体験したようだ。

　ペルネチアの標本を初めて見た時、葉は厚いがハコネコメツツジと同じようだと思った。ハコネコメツツジは、風により生物群集が影響を受ける風衝地に自生、ペルネチアはサンタクルス島とイサベラ島の山地の、風が渡る尾根筋にある。近縁種がアンデス山脈の高地からパタゴニアに自生する。

キノコ

　野菜と一緒に店頭にあるため植物と思いがちであるがキノコは菌類である。菌類は動植物の遺骸を分解・摂取し、生きるためのエネルギーを得る。土壌を形成する過程での分解作用を菌類が担う。

4 ガラパゴスの保全体制　行政機関と研究機関の両輪

　類まれな自然を体験しようと訪れる人々と、観光業に伴う経済活動が自然を損ねるとしてユネスコから改善を求められ、2007年危機遺産に指定された。諸施策の実効性を検証したものをご紹介する。

(1)　人口増加対策：ガラパゴス特別法

　人口は90年代に1万人を超えた（p.6　人口統計）。

　統計のある65年間（1950〜2015）の人口増加は19倍超、島民と観光客が島で生活をする中で、どのように自然環境を守っていくのか、究極の「人と自然の共生」を目標にした自然管理、観光管理が求められる。エクアドル政府は危機遺産リスト入り前から「ガラパゴス特別法」を定め、自然を保全するための管理強化を図っている。人口増加抑制策として移住者を制限、島民であるための資格要件を厳密にした。

　ある日、街中で出会った日本からの旅行者と食事の約束をした。夕方6時からオープンする食堂街で、同じテーブルについた日本人は5人になった。「ここ（サンタクルス島）には何人の日本人が住んでいるのですか」と1人が聞いた。「全部で4人」というと「たったの4人？」と驚いている。しかも4人のうち3人が、その場に居合わせたのだ。驚くのも無理はない。南米各地と同じようにビジネスマンがたくさん滞在していると思ったのだろう。

　ガラパゴスでは、人は①永住者、②一時居住者、③観光客・通行者の3種類に分けられる。永住者は、永住者である父または母からガラパゴス州で生まれた者、永住者と法律上の婚姻関係にあるエクアドル人または外国人、永住許可を得て継続して5年間ガラパゴス州に住んでいるエクアドル人または外国人に限られる。永住者は、農業、漁業、サービス業、観光事業等に就労できる。本土から仕事を探しに来て、運よく職につけたとしても"ガラパゴス人"でなければ、不法就労となる。

　イサベラ島で出会った日本人女性は「この街が気に入りました。住むことにします」と言うので、「おめでとうございます。この島の方とご結婚なさるのですね。」と祝福した。特別法を知らなかったら「永住なさるの？」とか「お仕事は？」などと質問を重ねていたことだろう。

(2)　国勢調査

　ガラパゴスに滞在中、本土からフライトのない事態があった。国勢調査実施日である。

　サンクリストバル島に着いた10月30日、街でなにやら配布しているグループがいる。我々には配られないところを見ると旅行者には関係のないものとみた。それでもゲットしたい気配を察して下さったようで、いただけた。それは国勢調査啓発のリーフレットで2種類あった。調査実施日は「El 28 de noviembre de 2010」と記されていた。

左端チラシ配布中　パトカーが先導　荷台のセンソ君（国勢調査のマスコット）と行列
配布物：三つ折りリーフ　両面

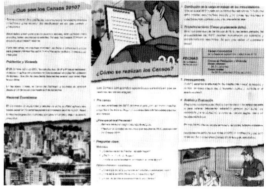

▲リーフ1

▼リーフ2

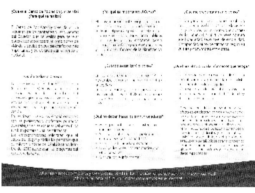

　サンタクルス島では1,500人の高校3年生が国勢調査員を務めるという。11月28日、筆者が滞在する家の娘さんも朝早くから出かけていった。

　仕事を求めて本土から渡航する人が多く、推定人口は当時3万人を超えるだろうと予測されていた。内地では、国際便の発着は通常通りだが、全ての公共交通機関は運休、地方間長距離バスは、前日の10月27日（土）4時〜当日28日（日）17時まで運休だという。28日17時までは、全ての商店、飲食店等は営業不可、ただし宿泊客のあるホテルは例外的に稼動が認められる。さらに当日のスポーツ行事は全て延期・中止。また11月26日（金）0時 〜 11月29日（月）12時は「Ley Seca 適用」、これは酒類を販売したり飲んだりしてはいけない日を設定できる法律に基づく「禁酒の日」だという。行政の真摯な取り組みが伝わる事態だった。

　調査日当日、街は音が消えていた。外を歩いたら逮捕と聞いたが本当だろうか。食事提供施設のないホテルの宿泊客は大変だろう。サンクリストバル島でハロウィンに続く「死者の日」に滞在時期が重なり、食事場所を求めて右往左往したことを思い出した。

　午後4時を過ぎても調査員は一向に姿を現さない。大家さんが聞いてきた。「誕生日は？　結婚して何年？」etc. 調査員の任務は調査票の配布のみのようで、対面は叶わなかった。

　2010年国勢調査の結果は25,124人であった。ガラパゴス特別法は機能していたわけで、関係者はさぞ安堵したことだろう。

　5年後の2015年国勢調査では25,244人、増加は1％未満にとどまっている。

　出生、死亡の自然増減は不明であるが、諸島の高校生は年に1,500名が高校を卒業後、進学・就職は本土を目指し、一度島を離れるとガラパゴスには戻らないという。

調査終了のステッカー

調査用紙第一ページ目

（3）　ガラパゴス訪問者数

　世界遺産登録は1978年、それまでのガラパゴスの訪問者は1960年代までは数千人規模、1970年末に1万人を上回った。2019年までの訪問者数の推移は次頁グラフの通りである。

　2017年の総訪問者は224,755人で前年より4％増、しかし異変が起きた。

「2018年訪問者275,817人　前年より14％増」

　データ公表は2019年1月末で、異例の早さであり、関係者の危機感が窺える。因みに2019年度は前年比−1.7％ 271,238人 である。

　今までの施策（クルーズ船で島内滞在を避ける。島への上陸制限）だけでは不十分で、現在観光スポットは飽和状態（p.172）、今後入島制限は必須となると推測していたら、2020年Covid-19（新型コロナウイルス感染症）が世界中に拡大、ガラパゴスにも影響は及び、この年3〜7月の訪問者は皆無、年度末の集計は72,519人となった。

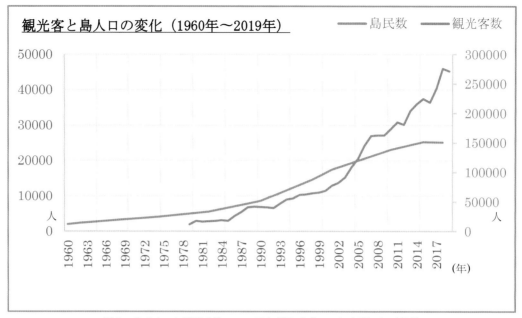

図7　島の人口と観光客数　　　日本ガラパゴスの会 奥野玉紀氏提供

　自然を脅かすものは、ただただ「人」のようである。そして、自然の保全も「人」による。

　ガラパゴス諸島の保全はエクアドル共和国政府のガラパゴス国立公園管理局（Parque Nacional Galápagos：略称PNG）と国際NGO チャールズ・ダーウィン財団（Charles Darwin Foundation：略称CDF）が運営するチャールズ・ダーウィン研究所（Charles Darwin Research Station：略称CDRS）が中心的役割を担っている。CDRSの活動内容は特定非営利活動法人「日本ガラパゴスの会（JAGA）」の下記サイトに詳しい。

　http://www.j-galapagos.org/galapagos/galapagos_cnsv.html

（4）　観光客対策

　居住地以外はすべて国立公園であるガラパゴスでは、自由な観光は許されていない（管理型観光）。諸島内をめぐるには以下の方法がある。

　1．サンタクルス島・サンクリストバル島に宿泊

　　A）　ビジターサイトを訪ねる

　　B）　島から出発するデイツアーやデイクルーズによる目的地別日帰りコース

　　C）　有人島へ渡り宿泊、ビジターサイトを楽しむ

　2．エコツアーにより無人島へ（宿泊は船内）

　ビジターサイトはナチュラリストガイドを伴うことが義務付けられる。

諸島内のルール

　居住地以外は国立公園のガラパゴス諸島において、訪問者には守るべき数々のルールがある。国立公園には看板が掲げられている。威厳のある標識には、島の名や設置年が記されていると思い島ごとに写真を撮った。ところが内容はすべて同一で、島の名さえ記されていなかった。

　次の文言はガラパゴスの地に降り立った時、必ず目に入る場所にも今後設置されますように。

「ビジターは、この群島に棲む希少な野生生物が、法律によって厳重に保護されていることを思い出してください」

↓統一仕様

禁止事項の標識　ナチュラリストガイドによる周知

　掲示になくとも、ビーチでのテント張りやボール遊びはもちろん禁止である。調査に同行したPNG職員は、見つけたらすかさず注意をしていた。植物を傷つけるなど論外である。

自然の中で わざわざギュー詰め

無残な落書き

　エコツアーの一行の歩みが停まっている。珍しいものでも観察しているのかと思ったら、その先には道を占拠するアシカがいて、少しも動く気配がなく立ち往生していたのだった。

　端を歩こうとするが威嚇してくる。カメラのシャッターを切ったら、怒って攻撃態勢を取る。カメラが発する赤外線を察知するらしい。島は野生生物が主役である。待つしかない。

　次頁写真右は小石が結界の見学路、鳥やウミイグアナの営巣地と植物群落保護のため左側を通る。

通りたい〜 通してほしい〜　　　　　　　　　　　　　　　結界の小石の列（矢印）↑

（5）　島内での暮らしでは

　サンタクルス島では、どこへ行くにも原則歩く。舗装された道路は舗装材が溶岩由来のためだろうか、摩擦が多くスニーカーの靴底は減りが激しい。港の老舗スーパーマーケットでの買い物が多い時はタクシーを利用、市街地内（2km）ならば1ドルが基本である。

調査時のあれこれ

　諸島内の行動ルールは研究者にも平等に求められる。サンタクルス島から居住区である他の島へ調査に出る際、初回の携行品点検は厳重であった。

　荷物すべてのチェックを受ける。点検は厳しく、靴底やステッキの土は完全に落とし、さらにスプレー殺虫殺菌剤を持参するよう手渡された。もちろん調査計画書提出、現地ではダーウィン研究所や国立公園の関係者が同行し、宿泊先の届けを含め準備万端の態勢である。観光気分は許されない。

　無人島ならばさらに厳格で、まずは調査許可申請が必要であり、さらに携行品は24時間燻蒸する。出発前からの食事指導もあり、加工品のジャムさえ種子が含まれるため摂食禁止である。

移動の記録

　現代ではGPSという便利な機器があり、移動に際し機器を作動させれば余すところなく記録ができる。次の図はサンタクルス島からサンクリストバル島での移動である。左が出発地、サンタフェ島の北側を通り、右が目的地となる。プエルトアヨラ港からバケリソモレノ港までの往復、及び調査地へ赴くためのサンクリストバル島外周を船で周回、また島内の車と徒歩の移動記録である。

　ビジターサイトではない調査地の溶岩地帯の徒歩移動は時間にして往復3時間を超えても下図では
わずか数ミリ、1時間でアップダウンし、尾根を歩いたプンタ・ピットでは、点に過ぎなかった。

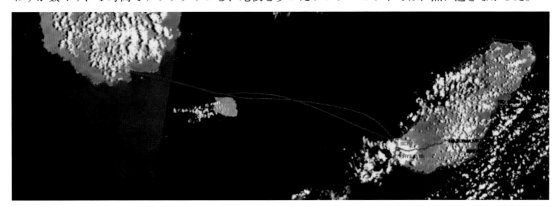

図8　GPSによる移動の記録　作成 矢ケ部重隆

(6)　国立公園管理局　（Parque Nacional Galápagos 略称PNG）

　国立公園管理局は境界線の管理の他、陸上生態系の保護・保存、固有種の管理・外来動植物の駆除・
生態系の回復を担う。ビジターサイトでの環境影響調査、資源状況の分析があり、駆除はCDRS と緊
密な情報交換、意見交換を行なう共同事業である。またクルーズ船の運行管理をする。

　海洋生態系の保護・保存では沿岸域パトロールがある。また漁獲種モニタリングを行う。

サンタクルス島

サンクリストバル島
（車両などの拠点）

イサベラ島

フロレアーナ島

ナチュラリストガイドの像

情報ステーション前

スピードセーブ用　円弧ハンプ

　PNGオフィスへの入口左側にナチュラリストガイド（p.184〜186）の像を見つけた時、「人」が関
わらなければ自然は守れないということ、さらに役目を担う「人」を大切に思うメッセージと思えて
うれしくなった。人材養成はPNGとCDRSで分担している。履修内容は歴史や生態系である。

（7） 海洋警備（海軍）

2001年、世界遺産に周囲の海域が加わった。海洋資源を求めて外国船が絡む密漁や不正（漁獲期を守らない、漁獲量を隠匿、保護海域侵入など違法操業）のニュースが常に絶えない。

フカヒレ目的のサメやナマコの密漁は悪質であり、2017年、海域の1/3を禁漁区に指定した。さらに2021年11月、COP26を機に海洋保護区は6万km²拡大された。

沿岸警備艇は不正操業の取り締まり、パトロールに取り組むほか、不時の事故にも対応する。PNGの小型船を見た時、法の徹底の困難さと豊かな海域をめぐる資源問題を痛感した。

沿岸警備艇　　　　　　　　　　　　　　ボリバー海峡のPNGパトロール船

（8） チャールズ・ダーウィン研究所（チャールズ・ダーウィン財団 研究機関）

（Charles Darwin Research Station：略称CDRS）

チャールズ・ダーウィン財団は1959年設立され、本拠地はベルギー・ブリュッセルにある。

ガラパゴス諸島の拠点としてチャールズ・ダーウィン研究所はサンタクルス島に置かれ、科学的研究ならびに環境教育を行うため1964年1月発足した。各分野で研究者を各国から受け入れている。分野毎の研究棟のほか、種の保全に関わる施設もまた敷地内にある。

下記写真は2010年当時の様子であるが、現在は整備が進み、展示棟の充実が図られている。

2010.9　ダーウィン研究所本部棟　　　事務棟　　　　　　　　　　　植物研究棟

ゾウガメ展示館

展示館内部

ゾウガメの餌

ダーウィン研究所別館　分析部門

同ベジャビスタ支所

イサベラ島支所

⑼　シーシェパードとガラパゴス

　日本の捕鯨に関し過激な活動が知られるシーシェパードは、ダーウィン通りに面してオフィスを構える。ガラパゴスの海洋域でエクアドル政府に協力し、また漁民と関わりを持ち、漁に出た時にごみを持ち帰る活動を主導している。

　下の写真を見た時、船首のマークをウミイグアナと誤認し、さすがガラパゴスと思ったが、実際はシーシェパードの「ゴジラ号」であった。

シーシェパードオフィスは2階　出漁時の清掃活動による集積ゴミ　2010.11

5　ガラパゴスでの暮らし

（1）　居住地の変遷―サンタクルス島における町の拡大と崖線

　サンクリストバル島インタープリテーションセンターの展示からサンタクルス島の空中写真をピックアップした。写真上部の亀裂は「崖線」である。諸島の観光がスタートする町として人口が増え続ける島にとって、崖線は守るべき「自然」の防波堤となっている。崖線の向こうには原野が広がる。島に開拓民が移住してから町は拡大を続け、2007年以降さらに街並みは拡がっている。

　墓地横で区切られる街の端をたどった。白に緑の杭が国立公園の境界標である。島の南部にある居住区は港から2kmの範囲であり、宿泊施設と住宅用地の需要は高い。住居以外の土地利用制限や、私有地と国有地の交換など、街作りに策をこらしているようだ。

1963　　　　　　　　　　　　　　　　2007　付記の番号は写真撮影地点

SCB　インタープリターセンター展示より作成

1．ダーウィン研究所入口左脇の墓地横

2．住宅地端

3．崖の向こう側台地は原野

4．崖線前　街区との境はガレ場

5．西側　街区の外側の不法投棄

野焼き

　調査で出かけた固有種自生地は、硬質プラスチック製品、家電など廃棄物処理センターで処理すべき類の不法投棄ごみが集められ、火が放たれていた。作業従事者の姿は見当たらず、くすぶっている。

　どこであろうと野焼きは不法と思い事情を調べてもらうと、国立公園の土地と私有地を交換したのだという。開発業者は住宅地として整備する前に、区画内の廃棄物の処理をするに当たり、「搬出」ではなく「焼却」という方法を選んだのだ。

　実は何日か前、住まい周辺は煙のにおいがひどく、のどが悪くなりそうだった。町から遠い焼却場由来とは到底思えず、しかし発生源は判明しない。目の前に広がるくすぶる火と家との距離に、あの日の煙はこの地で発生したことと確信した。

燃焼状態は続いていたはずなのに、どうして煙と悪臭の襲来はあの日だけだったのだろう？　着火後、温度が上昇し、燃焼状態が安定する前にだけ、臭いが出るのだろうか。

　2km圏内の一番北側に当たるこの付近は、文教地区で学校がたくさんある。あの日は日曜日だったため、児童生徒に不安を与えることなく、健康被害が出ずに済んで良かった。

開発区域境界付近に調査対象固有種が自生　　　　この造成地の延長か

（2）　エネルギー事情

　1978年のユネスコ世界自然遺産登録を機に急激に観光客が増加した。加えて本土から職を求め、またビジネスチャンスをうかがう移住者が増え、人の移動と共に多数の生物が侵入した。

　自然を脅かす「観光圧力」に対する規制措置の強化策は以前から採られているが、1998年制定のガラパゴス特別法（p.29）により、国内の人の移動に歯止めが掛けられた。

　ガラパゴスでは食料をはじめ生活物資、諸島内を就航する観光船や漁船、車両の燃料、ディーゼル発電機を動かす重油など、すべてが外部から搬入される。

　2001年にはタンカー事故により重油と船舶用燃料が海洋に流出、沿岸の生態系に多大な被害をもたらした（p.139）。この事故がきっかけでG8各国の拠出によりサンクリストバル島に風力発電機が設置された。ガラパゴスは現在もなお「化石燃料ゼロ」を目指し、自然エネルギーへの転換に取り組んでいる。

　ガラパゴス諸島の燃料移動は、バルトラ島のバルトラ港に燃料基地があり、大きなタンクが設置されている。クルーズ船への燃料補給はここでなされる。ガソリンはイタバカ桟橋のほか、サンタクルス島側にも給油場所がある。

　ガラパゴス観光の中心であるサンタクルス島は、プエルトアヨラの港から2kmの範囲が市街地である。給油船から陸送車に積み替えられた燃料は、発電所とガソリンスタンドに運ばれる。2カ所の施設は市街地の外側にあり、これより先、市中に運ばれることはない。市民の安全に関し、事故を回避する態勢など島内での取扱いには十分配慮がなされている。

バルトラ港　燃料タンク　　サンタクルス島　給油船から陸送車へ　発電所　向かいはガソリンスタンド

バルトラ島イタバカ桟橋　島内の車両向けタンクローリーへの給油（左端）

　各島のエネルギーの状況と、フロレアーナ島とサンクリストバル島の先進的な取り組みを以下に掲げる。人口100人のフロレアーナ島は、上陸するにも小型ボートに乗り換えるほど接岸が厳しく、給油船には専用の係留場所がある。全電力が自然エネルギーになるのはいつだろう。

フロレアーナ島　給油船を待つ港のドラム缶　　火力発電所

フロレアーナ島 集会所のソーラーパネル　消費の60%を賄う　蓄電池　2010.11当時の電力供給17〜24時

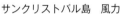

サンクリストバル島　風力　　　　　　　イサベラ島 火力 向かいはガソリンスタンド

コレア大統領と化石燃料ゼロ

　2010年9月5〜8日、エクアドル共和国大統領ラファエル・コレア氏来日、外国の元首として初めて国立原爆死没者追悼平和祈念館を見学した。

　コレア氏は2007年1月第43代大統領として就任、当時大統領の任期は2年であったが、2008年憲法改正を行い任期を4年とした。2009年4月、低所得層から圧倒的支持を得て再選されたが、中間層へのフォローが悪く国の秩序を守る警官の給与削減に反発を買い、大統領が警察組織に監禁されるという事態が起きた。首都キトは非常事態宣言、ガラパゴスは本土からのフライトがなくなり騒然となった。2010年9月30日のことである。

　入国して間もない時期の不穏な事態に、収束にはどれ程の日時がかかるのか心配した。この時「もし大統領が右派に交代したら、バルトラ島には国際線が飛ぶようになるだろう」と聞かされた。増える一方のガラパゴス来島者数に少なくとも歯止めがかかっているというのだ。

　軍が出動し死者が出たものの、騒動は数日で収まった。知り合いのナチュラリストガイドの女性が当時キトに滞在中で、いつ帰島できるか不安だったと後日聞かされた。

　2013年2月3選、その後4選に挑んだが破れ2017年5月退任した。

化石燃料ゼロに向けて

　コレア大統領は2011年6月2日、ガラパゴス諸島を訪れた。その日バルトラ空港でチャーター機を迎える偶然にめぐり合わせた。大統領はイタバカ海峡を渡ると、ランニングで峠を越えプエルトアヨラへ向かった。市職員たちが自転車で伴走をしている。このパフォーマンスは訪問目的「化石燃料ゼロプログラム推進」へのアピールである。

　この時、バルトラ空港からイタバカ海峡までのバス移動に、日本人グループが途中から乗り込んできた。大統領のガラパゴス入りに伴い来島した風力発電の事業検討関係者であり、立地を視察したということだった。事業内容は「月刊クリーンエネルギー2011年8月号」に詳細がある。

　4日には港の広場で演説会があった。この後大統領は、空軍機でイサベラ島へ向かっている。イサベラ島のメインストリートには大統領を迎える席がしつらえられていた。

2011.6.4　大統領演説会　右は市長　壇上のカメは置物　会場　テント設営

　新エネルギーはバルトラ島で起電しサンタクルス島へ送電する計画である。風力とソーラーの両方でどちらも日本の技術供与があり、2016年1月には日本政府の無償資金によりソーラーパネルが設置された。

　2007年危機遺産リスト入り当時は、外来種による脅威に加えゴミ処理や漁業が及ぼす生態系への影響など問題は山積みであった。政府の対応が認められ、2010年にはリストから外された。

省電力

　危機遺産リスト入り以降、ガラパゴスは省電力に取り組んだ。消費電力抑制に白熱球や蛍光灯直管から曲管に変えた例がある。左は個人宅、右2枚は施設で、古い器具は埋め殺しである。

（3）　廃棄物

　政府の取り組みのひとつ、廃棄物処理はエクアドル国内で最も進んでいる。諸島内一の人口を擁するサンタクルス島で現場を見る機会があった。街から27km離れた島の北西部に焼却場があり、4km地点には廃棄物処理センターがある。

焼却場入口　左 緑の看板

家庭のごみ容器（SCB）

収集車　右角は小学校

廃棄物処理センター展示館入口

廃棄物処理センター内のインタープリターセンターと展示物（抜粋）

　展示館入口は廃棄物処理センター運営に関わるスポンサーへの感謝の言葉から始まる。WWFをはじめダーウィン研究所、Europe Aid（EU）や石油会社、ツアー会社が名を連ねる中に日本企業もある。
　多数ある展示物のうち主なものを掲げる。

運営に関わる団体名のボード

ゴミの諸問題

1995年からの取り組み

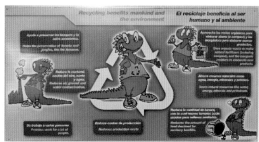
可燃物・リサイクル・生ごみの分別

ごみの分別現場

　生ごみはおがくずの上に広げ、水分を吸収させ、さらに異物を除去し、牛糞と一緒にタンクに投入、一日ほど撹拌処理し、発酵させる。出来た堆肥は一袋５ドルで販売、農家が利用する。環境学習で訪れる見学者はいるが、においを敬遠して生ごみの処理現場には近付かないという。

生ごみ　異物を除き処理タンクへ

堆肥熟成中

仕分けレーンでの分別

資源ごみ　紙、段ボールと衣類

島から搬出　資源ごみ

ガスボンベ空き容器搬出

　資源ごみは台船から沖合の船へと積み替えられ本土へ運搬される。当初ロングライフミルクのパックも資源ごみとして回収する方針であったが、内面加工が施されていることからリサイクルが難しく、扱いに苦慮していた。どのようになったか、その後の情報はない。

　焼却に関しては、例えば塩ビ類は、日本のものとは質が異なり、焼却しても有害ガス発生量は多くないという。お店で見つけた硬質プラスチック製のフラミンゴ型の歯ブラシは、未使用ながら３年ほどで劣化し壊れてしまい、質の違いはよく分かった。また、野焼きとの批判が多数あるが、現在の処分は適正であると日本の廃棄物の専門家は断言している。

「廃棄物とリサイクルの管理システム」2012によればサンタクルス島の人口は16,000人、旅行者1,300人／日、一日当りごみ排出量は定住者790ｇ、観光客450ｇであった。
　悩ましいことに焼却場にも、固有種の生き物がやってくる。このことが世界的な非難となっている。生き物たちの移動は止められない。島への来訪者が協力できることはないだろうか。

焼却場で採餌するガラパゴスバト
（*Zenaida galapagoensis*）

友よ、自然に戻っておいで

リサイクル

リサイクルの現場

舗装用タイル（＊カレット使用）

タイルの型抜き機

　舗装用タイル製造現場を見て、街中の路面管理を思い出した。2010年9月末、街はやけに埃っぽく閉口した。見ると道路には砂粒が撒かれている。砂粒は車の行きかう都度、車道タイルの隙間を埋め、目止めとなる仕組みであった。
　カレット（破砕ガラス）使用のウミガメは大、中、小3種のサイズで作られた。

砂が撒かれた日のダーウィン通り

老舗スーパーレジ袋

ウミガメ（小）

（4）　水事情

　火山島の陸地はどこも亀裂だらけ、サンタクルス島では、地中の窪みにたまった海水を掻き出すため、風車が設置されていた。現在は役目を終え、ダーウィン通りのランドマークとなっている。

　サンタクルス島で使う水は、町はずれの断崖から汲み上げているという。しかし、海に近く溶岩は目が粗いので海水が浸透して混じってしまう。他の島でも同様で場所ごと（深さ、海からの距離など）、季節ごと（雨量が多いか少ないか）で海水の混じり具合が違い、水質は一定しないらしい。水道水はわずかでも塩分を含むため水道管に金属は使われていない（p.101 水道管敷設造成地）。

　住民には16ℓの真水のボトルが民生用として、安価（2ドル）で提供される。微量であっても塩分が含まれるため住民の健康被害に鑑み、飲用・調理には使用させない。

ランドマークとなった風車

16ℓのボトル　右は4ℓ携帯用

マタサルノ配水塔（公営）★

給配水のサービスカー

ホテルへの夜間給水

ボトル水販売会社（ゾウガメ印）

　水源についてサンクリストバル島学習施設に島ごとの展示がある。ガラパゴスは火山島なので、水資源は貧弱、雨水に頼るが、どの島も不足がちである。降水量が少ないうえに火山性の岩石のため、あっという間に地下に浸透してしまう。

　サンクリストバル島には諸島唯一の淡水湖があるが、漏出と旱魃の問題が生ずる。サンタクルス島とイサベラ島は汲み上げ井戸の汚染があり、フロレアーナ島では高地の泉の湧出量はわずかなため、他の島からの移入に頼る。イサベラ島も移入である。サンタクルス島とサンクリストバル島では、私企業の塩分除去プラントが稼働する。

　個人の備えとして天水貯留を見かける。隣家では頻繁に激しい水の落下音がしていた。雨水があふれていると知らされたが、それほど降雨があったとは思えず謎であった。

　各島の水源状況は次頁の通りである。

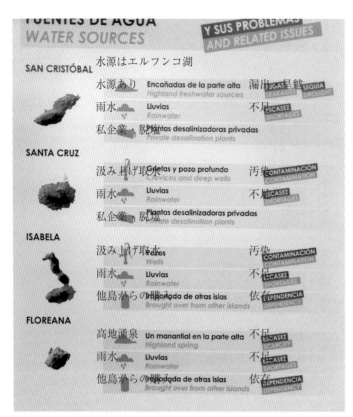

FUENTES DE AGUA
WATER SOURCES
Y SUS PROBLEMAS
AND RELATED ISSUES

SAN CRISTÓBAL
水源はエルフンコ湖
水源あり　Encañadas de la parte alta　漏出・旱魃　LEAKAGE DROUGHT SEQUIA
　　　　　Highland freshwater sources
雨水　　Lluvias　　　不足　SCASEZ SHORTAGES
　　　　Rainwater
私企業・脱塩　Plantas desalinizadoras privadas
　　　　Private desalination plants

SANTA CRUZ
汲み上げ取水　Grietas y pozo profundo　汚染　CONTAMINACIÓN CONTAMINATION
　　　　Crevices and deep wells
雨水　　Lluvias　　　不足　SCASEZ SHORTAGES
　　　　Rainwater
私企業・脱塩　Plantas desalinizadoras privadas
　　　　Private desalination plants

ISABELA
汲み上げ取水　Pozos　　汚染　CONTAMINACIÓN CONTAMINATION
　　　　Wells
雨水　　Lluvias　　　不足　SCASEZ SHORTAGES
　　　　Rainwater
他島からの輸入　Importada de otras islas　依存　DEPENDENCIA DEPENDENCY
　　　　Brought over from other islands

FLOREANA
高地湧泉　Un manantial en la parte alta　不足　SCASEZ SHORTAGES
　　　　Highland spring
雨水　　Lluvias　　　不足　SCASEZ SHORTAGES
　　　　Rainwater
他島からの輸入　Importada de otras islas　依存　DEPENDENCIA DEPENDENCY
　　　　Brought over from other islands

汲み上げ取水施設（K.KURATA）

天水貯留

図9　水源一覧　（SCBインタープリテーションセンター展示に加筆）

（5）　食事情

　生鮮食料は土・火曜日の市場で調達する。火曜は出店が少ない。街中の個人商店のパン屋は利用したが、肉屋食料品店などは所在が不明で、また見つけても様子が分からず入れなかった。スーパーは3店舗ある。どこの店も正午からの2時間は休業である。

　観光客向けの土産物店も同様で、住民はスペインの伝統的なシエスタ時間を踏襲している。ダーウィン研究所の職員も自転車やバスで自宅に戻り、2時直前に再出勤してくる。

　地元のランチ専門店は肉か魚の一品（サラダ付）選択と濃厚スープ、たっぷりなジュース付きで栄養バランスはよく、また価格は安く重宝した。自分が食べ終わると子ども二人を置いて店を離れた父親を見かけた。仕事に戻ったのだろう。常連客にはツケの制度もあり学生が利用していた。生活に根付いた必須の食事処である。

　木曜日に物資供給船が入港する。スーパーの棚は火・水には空である。船を空荷で戻すはずがない。港に待機していると、プロパンガスボンベ空き容器が運ばれ、また大型の金属製品が集荷されてくる。リサイクル品が集結し、台船に積まれていく（p.45）。

　ところで、小笠原諸島父島では「おがさわら丸」が着くと、街は活気にあふれていた。船の運航が天候に左右され不安定な分、ガラパゴスより厳しいようだ。

　小笠原諸島では、野菜や牛乳など鮮度に価値が求められるものは毎日価格が下がるが、ガラパゴスに値下げはない。カレンダーは10月になっても、定価で販売されていた。

サタデーマーケット　路上まで出店

火曜マーケット

ガラパゴス産ヨーグルト（桃味）

魚売り場（店主の知恵・天板赤）

夕方オープンの食堂街

地元民向けランチ　2.5ドル

（6）　学校

　本土とガラパゴスの時差は1時間あり、本土時間で一日が始まる。学校は朝7時に始まり、給食はなく午前中で終了のようである。住いの周辺は学校が多く、生徒による朝礼のアナウンスが毎朝聞こえた。夜間、街で課外授業の高校生に出会った。大学はサンクリストバル島または本土に就学する。

サンタクルス島　小学校　校門

低学年教室

街中の小学校塀　リサイクルの啓発絵画

サタデーマーケット前の中高校建物

木立をはさんで平屋の教室

フロレアーナ島　小中学校

イルカの壁画　高校から島外へ出る

（7）　プチレジャー

　サンタクルス島では金、土、日の夕方、薄暮の街をぐるりと回る遊覧車めがけて、こども連れが集まってくる。プエルトアヨラ港発着の Sightseer という、一周1ドルの遊覧である。どこを通るのか、ワクワクしながら乗り込んだ。

　10両ほどの長い車列は、あそこの街角、こちらの家並み、見覚えのある道、知らない道までもめぐり、曲がり角さえ難なくこなして広場に戻り、エンディングは円を描きながら3周した。

薄暮に出発

路上に人影

終点

ガラパゴスのクリスマス

　10月末には早くもクリスマス用品が並んでいる。クリスチャンには恒例行事、ホームクリスマスを祝うため、商店はデコレーショングッズで店内の棚は一杯である。

　大家さんのところは２日もかけ飾りつけをしていた。クリスマスグッズは毎年買い足し、趣向を凝らしている。街は日本と異なり、クリスマス仕様にならないが年末に向けて街路樹の剪定が始まった。

真夏のクリスマス　大人にとっても楽しみな行事　　　枝葉は廃棄物処理センターへ運ばれる

（8）　ニッポン～チャチャチャ

　エコツアーに搭載されるボートや定期船、小さな漁船も、エンジンは見る限り日本のメーカーSUZUKIとYAMAHA製。

　船外機（船舶用エンジン）の世界市場は約80万台、シェアはヤマハが40％、スズキ15％、ホンダ６％米マーキュリー30％という（2014）。海外で知る日本の技術である。

サンタクルス島プエルトアヨラ港　SUZUKI 300cc ２基 イサベラ島プエルトビジャミル港　YAMAHA　400cc

　また、行きつけのランチ屋の息子さんはPNGの職員。ミシン刺繍が得意で自分用のオリジナルワッペンを作っている。日本のミシンはとても性能がいいと絶賛された。ミシンの世界シェアは１位JUKI（ジューキ）、２位ブラザー工業、５位に蛇の目ミシンである。特化した性能の世界仕様の製品で、これも日本が誇る技術だ。また、日本製カメラのブランドの好みはキャノン48.6％、ニコン41.7％で、ガラパゴス観光客の一眼レフがそれを物語る。

　デジタルカメラの場合、キャノン45.4％、ソニー20.2％、ニコン18.6％である。

東日本大震災

　2011.3.11の東日本大震災による津波は17時間後、14,000 km離れたガラパゴスまで到達し、太平洋地域で最も大きい1.7 mの津波を観測した。

　前年のチリ地震では市民は7 km内陸のベジャビスタに避難はしたが、なんの被害もなかったことと比べると大変な事態であった。あのロンサムジョージ（p.74, 126, 188〜189）は生涯で二度もサンタローサ（p.18）まで避難したことになる。

　プエルト アヨラは南向きの港であるのに、ダーウィン通りは波をかぶり、港に停泊中の船の大半は損傷し、沿岸部の高級ホテルは浸水した。フラミンゴ生息地のラグーンや塩田は水没してしまった。非常事態宣言により国内線のフライトはなく、入島出島とも足止め状態であったという。

　サンクリストバル島ではマングローブ林が壊滅、国立公園関係者は総動員で対応に追われたという。居住区であるほかの2島も、無人島にも被害が及んだはずだが、あいにく情報はない。

　6月に再訪した時はまだ津波の痕跡があちこちに残り、新調された船が目立った。その後、港は整備が進み、現在エコツアーの船の発着はピア（桟橋）に変更となり、乗船場所まで小さな船で向かう。

津波襲来2日後　潮位の跡が壁に残る（撮影K.KURATA）　2011.6　ウチワサボテン以外は枯死

塩田（2010.12）　遠方はフィンチベイホテル　　　　　津波により水没（2011.5）

　震災から8年が経過した当時、ガラパゴスからの情報を見ると、ダーウィン通りは歩行者の通路ができ、何より緑が増え、しゃれた店舗が多くなった。ただ行きかう人の数が、やけに目に付く。これほどの混雑は今まで見ていない。p.32の数字を示しているといえよう。

　ダーウィン研究所は展示棟が充実し、その一つは2012年にこの世を去ったロンサムジョージの剥製展示館である。サンクリストバル島では港周辺が整備され、ネイティブガーデンの増設が目立つ。また、各島ではビジターサイトの整備が進んでいる。タグスコーブでは、上陸し斜面を登っていったところに展望台が設けられたようである。

6 日本が関わる国際協力

　日本の主な国際協力機関として国際協力機構（JICA）・日本経済団体連合会自然保護基金（KNCF）・日本ガラパゴスの会（JAGA）がある。JAGAは日本で唯一の公的提携団体として、2005年に設立された。

　JAGAの使命は、ガラパゴス諸島の現在の姿、本来の姿を永続的に残す活動を支持、支援すること、そしてそれを通して自然や自然科学の素晴らしさや面白さを伝え、それらが尊重され守られる世界や日本に貢献することである。CDFとJAGAは「相互協力協定」を結び互いの活動を支えあい、JAGAはCDFの日本窓口である。

（1）　ダーウィン研究所への支援

　1998年、経団連自然保護基金によりダーウィン研究所へのプロジェクト支援が始まった。その内容は下記報告書に詳細がある。

1．「ガラパゴス諸島の植物多様性保全のための重要地点の特定とその保護」（2005）

　　1998〜2002年支援プロジェクト・フォローアップ調査報告書 には年度別事業内容がある。

　　サンクリストバル島：カランドリニア・レコカルパス・スカレシア・ミコニア

　　サンタクルス島：ペルネチア・アカリファ（エノキグサ）・プレウロペタルム（ヒユ科）

　　サンティアゴ島：ガルベジア（ゴマノハグサ科）・スカレシア2種

　　エスパニョーラ島：ウチワサボテン（セバリョス岬）・カランドリニア（ガードナー湾小島）

　　帰化植物：シンチョーナ・キイチゴのコントロール

2．「ガラパゴス諸島の絶滅危惧固有種の救済復元計画」（2007）

　　2003〜2006年実施・ガラパゴス諸島植物多様性保全プロジェクト事例集

　　サンクリストバル島：カランドリニア・スカレシア・ミコニア

　　エスパニョーラ島：ウチワサボテン・カランドリニア

日本からの大口支援では最初で、最も長く続く支援である。生態系復元には時間がかかるため継続的な支援が求められ、それにKNCFは呼応し、ピンタ島再生のためのモニタリング調査や自然保全従事者人材育成など、事業は着実に取り組まれている。

　近年は、ロス・ヘメロス（サンタクルス島）の侵入生物種対策としてスカレシア林の回復がスタートし、2020年も引き続きモニタリング、分析評価などスカレシア林の急速な劣化防止のために、保全資金がダーウィン研究所に託されている。

(2)　JAGA直接支援プロジェクト

・チャールズ・ダーウィン研究所の保全プロジェクト全般（指定なし）
・イサベラ島環境教育支援（2006年〜2008年）
・ガラパゴスの森再生プロジェクト（2007年、2008年）　＊ピースボート
・ネイティブ・ガーデン・プロジェクト（2008年〜2013年）＊BESSフォレストクラブ
・プロジェクト・フロレアーナ（2009年〜）
・農業、森林再生、島民自立支援プロジェクト（2013年〜）
・ガラパゴス・ベルデ2050（2013年〜）
・ガラパゴスペンギンの保全支援（2014年〜）

プロジェクト・フロレアーナ事業の一部
左　　：ナーセリー
下左：自動給水コントローラー
下中：給水管　フィンチが水を飲む
下右：職員による潅水

　小中学校敷地外構部に点滴潅水という自動給水のシステムがある。事業開始後間もなく、また乾期でもあるため、スタッフにより夕方、校庭の植栽に散水が行われていた。

（3）　間接支援

　KNCFや企業の支援と、チャールズ・ダーウィン財団とのマッチングや仲介などに関わる。また2006年には、外務省在外公館の「草の根プロジェクト　小規模援助」により電力供給が不安定な島を配慮し、ゾウガメ孵化に必要な電力の安定供給対策にソーラーパネルを設置する橋渡しをした。ゾウガメの卵は孵化温度で雌雄が決定するため、温度管理は重要である。

　余剰電力はダーウィン研究所オフィスで照明や標本庫温度管理に使われている。

送電の解説　　　　　　　　　　　　　　　　　ソーラーパネルの設備

…………………………

　次章は「ガラパゴスの植物」である。

　名前を記すに当たり、Wiggins & Porter「Flora of the Galapagos Islands（1971）」を活用した。1960年代の諸島内調査で、出版はスタンフォード大学である。またMcMullen「Flowering Plant of the GALAPAGOS（1999）」を参考にした。こちらはハンディで、花の色で名前を索引できる。

　その他 Fundacion Charles Darwin「Siembrame en tu jardin（Plantas nativas para jardines en GALAPAGOS）（2009）」を参照した。これは世界自然遺産維持のため「ネイティブガーデン　プロジェクト」……公共施設は無論のこと、ホテルや飲食店、商店、住宅に植栽すべき在来種、固有種を知らせる植栽普及用のガイドブックである。

　最新の資料として「CDF Checklist of Galapagos Flowering Plant（2018）」は現在のガラパゴスの植物を知る、最強の文献となった。

…………………………

第二章
ガラパゴスの植物

© KAORUKO.KURATA

植物の主な文献（参考文献の一部）

・Wiggins I. L. & Porter D. M.（1971）. Flora of the Galapagos Islands. Stanford University Press.

・McMullen C. K.（1999）. Flowering Plant of the GALAPAGOS. Cornell University Press.

・Ed. Fundacion Charles Darwin（2009）. Siembrame en tu jardin.（Plantas nativas para jardines GALAPAGOS）

・P. Jaramillo D, A. Guezou, A. Mauchamp, A. Tye.（2018）. CDF Checklist of Galapagos Flowering Plant.　https://www.darwinfoundation.org/media/pdf/checklist/2018Jan10_Jaramillo-Diaz_et_al_Galapagos_Magnoliophyta_Checklist.pdf　2019.1.28 閲覧

・International Plant Names Index.　Search the Data "Galapagoa darwinii, fusca"（2005）. 2019.4 閲覧

・日本ガラパゴスの会（2020）. Galapagos Islands Plant Guide. ガラパゴス植物ガイド

・日本植物分類学会国際命名規約 邦訳委員会 訳編集 2014「国際藻類・菌類・植物命名規約（メルボルン規約）」（2012）. 日本語版　北隆館

・渡辺 巌（2006）. 日本でのアゾラ利用の現状と将来　雑草研究Vol.51（3）p.178～184　J. Weed Sci. Tech.

・植村修二ほか 編・著（2010）. 日本帰化植物写真図鑑 第 2 巻 全国農村教育協会

植物には興味がない、ましてや名前なんぞに意味があるのかと考える人がいる。また、生け花をたしなむ人が、花材としての花は知っているが、自然の中で実を付けているものを前にして名前が分からないという。

　花のみが重要でそのほかの情報は持っていないのだ。芽吹き葉が出て、花が咲き、実り、枯れていく過程のうち、一部しか見ていないためである。

　園芸の世界はどうだろうか。草本は特に個人の庭でも一斉に植栽が替えられ、最後まで見届けることはないようだ。そもそも花付きが良いように種子を実らせないことも選択肢にある。

　楽しみ方はさまざまである。

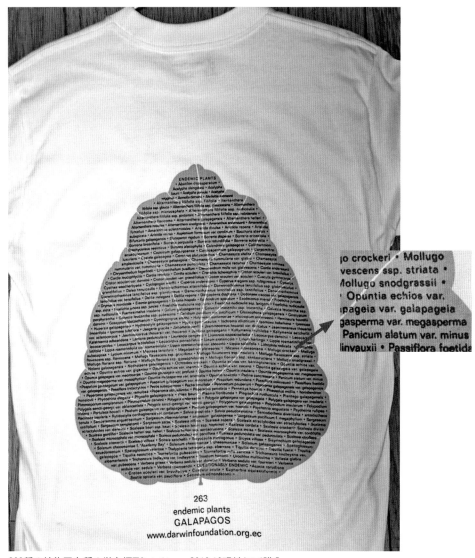

263種の植物固有種の学名柄Tシャツ　　2010.10現地にて購入

1 ガラパゴス固有種

　ガラパゴス固有種は一体何種あるのだろうか。p.58に掲げたTシャツには、デザインされた葉の中に263種の固有種が列記されている。

　名前の中に"ガラパゴス"と"ダーウィン"を探してみた。

　"ガラパゴス"に因む植物名は35種、"ダーウィン"に因むものは8種あった。そのほか"エクアドル"に因んだものを2種見つけた。紅藻（*Callithamnion ecuadoreanum* キヌイトグサの仲間）と褐藻（*Spatoglossum ecuadoreanum* コモングサの仲間）である。しかし、IUCNレッドリストによれば固有種ではない。

　ウミイグアナの食料として、沿岸部の海藻の保全は重要である。ひとたびエルニーニョが起きれば、海水温が上がり海藻は成長が阻害され、ウミイグアナは餓死する事態に至る（p.8）。ウミイグアナにとって大事な食糧であるため、ダーウィン研究所では重要種と捉えリストアップしたものと考えられる。

　サンタクルス島トルトガベイ（p.18, 71）で糸のような海藻を見つけた。街から30分以上歩いてようやくたどり着いた所は、溶岩の島とは思えない真っ白な砂浜であった。トルトガはスペイン語でウミガメを意味する。写真の海藻の種名はどれも不明である。

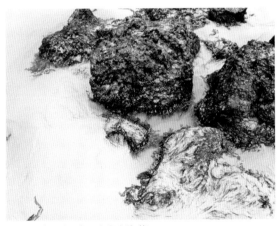

トルトガベイ　糸のような海藻

岩の海藻（種不明 アオサに似る）

種の数は？

　2011年のダーウィン研究所内展示には固有種234種と記されていた。Tシャツには263種とあるが、その中には30亜種、47変種、3品種が含まれる。

　Tシャツのプリントと展示に相違があってもどちらが正解ということはなく、分類の定義を決めた時点が異なっているためと思う。資料の突き合せはなかなか難しい。

啓発展示　在来種 319種　固有種 234種

最新の資料では

「Checklist of Galapagos Flowering Plant 2018」（以下CDF Checklist 2018と略す）がダーウィン研究所から発行された。今まで植物を知ろうとすると、「Flora of the Galapagos Islands（1971）」（以下Flora Galapagos 1971と略す）や「Flowering Plant of the GALAPAGOS（1999）」の図鑑と、南米大陸の資料に基づいて調べるよりほか手段がなかった。

今回発表のCDF Checklist 2018には写真も図もないが、すでに出版されている多くの文献を集約した、待望の資料である。標本と文献、コメントに基づき、見直し作業は地道に進められた。既報告の種の総数は1,547であった。その内の113種は異名や誤同定、またはガラパゴスに存在しないため除外（reject）され、1,434種が対象である。

種の数を拾うに当たり、まずはIndex作成、さらに植物の由来を突き止めるOrigin（起源）を探った。ダーウィン研究所の今後の論文発表でどれほどの種の増減があるのか注目したい。

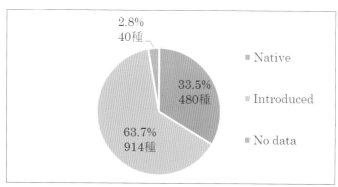

図10　ガラパゴスで見られる種子植物

1,434種のうち少なくとも244種が固有種であり、Nativeの全体に占める割合は33.5%、Introduced（導入種・移入種）の合計は種数の半数を超え、63.7%になる。なお、チェックリストには重複記載と思われる固有種が含まれる。*Galapagoa darwinii* と *Galapagoa fusca* である。この*Galapagoa* 属は、二度の属名変更がされている（p.65, 66）。

栽培種・園芸種について

　新天地を求めての移住の際に、人によって持ち込まれた植物には、何があったのだろう。

　どのような植物が食用として栽培され、また園芸植物が住まいを彩ったのか調べてみた。前頁の図10の内 Introduced の914種を探った。

　食材となるものは約170種、そのうち栽培されているのは120種余りであった。穀物類はイネ、エンバク、トウモロコシ、キヌアに、豆（落花生、エンドウ、ソラマメ、ナタマメ、インゲン）、イモ類（ジャガイモ、タロイモ、サトイモ、サツマイモ）がある。野菜はオクラ、ナス、レタス、アブラナ、キャベツ、カボチャのほか、ハーブが目に付く。市場では見かけなかったが、ロマネスコやハヤトウリがリストにあった。市場ではキャベツの大きさに圧倒された。またほとんどの野菜が1品1ドルの中、リストにはない白菜の高値（10ドル）に驚かされた。

　農牧地と土地使用の状況から居住区の面積（ha）の内、農村部＝農牧地とした場合、牧場49%（12,365ha）、作物7%（1,766ha）、果樹2%（504ha）、森林2%（504ha）で、利用なしは40%（1,009ha）となる。　　　　　　　　　　【出典】農牧地について：Galapagos Report, 1996～1997, Fundacion Natura.

　園芸植物は多肉植物と観葉植物が大半を占める。中でもサボテン類が多い。

　園芸界では、世界的に室内での小型サボテン栽培は人気らしく、学名で検索しても、和名と共に映像まで出てくる。翁丸、大型宝剣、金柑サボテン、キンシャチ、金盛丸など30種ほどある。残念ながら島内で家の中まで伺う機会はなかった。大家さんはネイティブガーデンに傾注し、小型サボテンは栽培しておらず、写真はない。街で見かけた植栽と果樹をいくつか挙げてみる。街中ではバナナの木を見かけることが多く、リストには9種類もあり、さすがバナナ輸出国であった。

ソラマメ
Vicia faba

ナランジラ　紫ジュース
Solanum quitoense

サトウキビ
Saccharum officinarum

Alocasia sp. クワズイモ　マンゴー　落果したら道路を汚す　　ヤシの実 収穫2人がかり

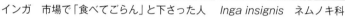

インガ　市場で「食べてごらん」と下さった人　　*Inga insignis*　ネムノキ科
　　　　　　　　　　　　　　　　　　　　　　ナーセリーで収穫、後ろはバナナ

☆ 命名法

　ところで植物の名前（種名）はどのように付けられるのだろう。原則、誰でも好きな名前を付けることができる。しかし、それが世界に通用する学名（Scientific name ラテン語で表記）となるためには「国際藻類・菌類・植物命名規約」に則った正式発表（Formal description 学術誌出版など）をもって世界に知らせることが必要である。本稿は2012年メルボルン規約を参考にした。

　新種として命名するには、先ずそれが既知のどの仲間（科、属）に属するかを調べ、合致する属名があれば、そのうしろに新種である特徴などを表す種形容語（例えば"丸い葉を持つ"など）を続ければ新種名となる。

　つまり、種名は**属名**と**種形容語（種小名）**の組み合わせで、その意味は「独自の特徴を表す形容語で修飾された属名（名詞）」ということになる。

　17世紀に分類学の父 カール・フォン・リンネ（Carl Von Linné 1707〜1778）により提唱された方法で、属名と種小名（種形容語）の二要素から成るため、「二名法」とも呼ばれる。

表4　特徴を表す種形容語をもつ学名の例

	学　名	意　味
1．産地に因むもの	*Nolana galapagensis*	ガラパゴス（島）産のノラナ
2．形や色に因むもの	*Scalesia cordata*	心臓形（葉）のスカレシア
3．発見者など人名に因むもの	*Gossypium darwinii*	ダーウィン（氏）のゴシピウム

　もし、対応する属が無ければ新属を、また属のレベル以上の違いがあれば、さらに上のランクである新しい科を命名規約に従って設定（命名）することになる。

2 ガラパゴスとダーウィンの名が付く植物

　独自に進化を遂げてきた“実験室”ガラパゴスでの命名状況をみてみよう。

　ガラパゴス諸島に、“ガラパゴス”または“ダーウィン”に因む名がつく植物は、いくつあるのだろう。数が気になり、ダーウィン研究所発行のテキストで調べてみた。掲載種は100種ほどのため、単なる目安である。“ガラパゴス”が付いた属名はなし、種小名は7件、“ダーウィン”が付いた属名は1件、種小名が3件あった。これらはどれもがガラパゴスの固有種である。

表5　ガラパゴスに因んだ種小名を持つ植物

学　名	意　味
1．*Cardiospermum galapageium*	ガラパゴス フウセンカズラ
2．*Tiquilia galapagoa*	ガラパゴス ティキリア
3．*Justicia galapagana*	ガラパゴスのユスティチア
4．*Calandrinia galapagosa*	ガラパゴスのカランドリニア
5．*Castela galapagensis*	ガラパゴス産のカステラ
6．*Nolana galapagensis*	ガラパゴス産のノラナ
7．*Psidium galapageium*	ガラパゴス グアバ

　1〜7の種名を見ると“ガラパゴス”の部分の語尾が、ガラパギウム、ガラパゴア、ガラパガーナ、ガラパゴーサ、ガラパゲンシスなど様々で、なぜ“ガラパゴス”一語ではないのか不思議だが、その違いは、種名が命名規約（ラテン語の語尾変化）に従って付けられたことの結果である。

　例えば、1，7の *galapageium*、2の *galapagoa* は属名と同格、3，4の *galapagana*、*galapagosa* は所有格で、これらは「ガラパゴスの」を意味し、5，6の *galapagensis* は「ガラパゴス産の」となる。

　イサベラ島のシエラ ネグラで見たキクの仲間は、属名が“ダーウィン”に因んだもの（表6）で、ダーウィニ オタムヌスといい“ダーウィンの灌木”という意味がある。この属には2種あり、種名はそれぞれの葉の特徴（槍型と細葉）を表す形容語がつけられている。8と9の名を図鑑に見つけた時、命名者はダーウィンの業績に敬意を表したものと思った。

これは種形容語のうち、3の例で「献名」であり、ガラパゴスの植物の中で、最も重要、貴重なものという意味ではない。

表6　ダーウィンに因んだ学名を持つ植物

学　名	備　考
8. *Darwiniothamnus lancifolius*	表7 写真8（槍型の葉）
9. *Darwiniothamnus tenuifolius*	表7 写真9（細葉）
10. *Pleuropetalum darwinii*	アマランサスの仲間
11. *Lecocarpus darwinii*	レコカルプス（キク）
12. *Gossypium darwinii*	ガラパゴス コットン

注）8には亜種、9には変種あり（CDF Checklist 2018）

表7　ガラパゴスとダーウィンの名が付く植物　　以下に示した数字は1〜12に相当する。

属名"ダーウィン"	種名"ガラパゴス"	種名"ダーウィン"
ダーウィニオタムヌス 8. D. ランキフォリウス	1. カルディオスプラム・ガラパゲイウム	11. レコカルプス・ダーウィニイ
9. D. テニュイフォリウス	4. カランドリニア・ガラパゴーサ	12. ゴシピウム・ダーウィニイ

　学名に込められた意味は一般的な呼称には反映されない。例えば、12の「ゴシピウム・ダーウィニイ」は、英名では"ガラパゴス・コットン"、ガラパゴスの代表植物スカレシアのうち、「スカレシア・レトロフレクサ」（p.79）はスペイン語の名前が"ボンサイ デ ガラパゴス"である。ボンサイ＝盆栽であり、日本人にとってこの呼び名は非常に親しみやすい。

☆ 属の名称変更　ティキリア属の事例　*Tiquilia*

　1835年9月にダーウィンが採集し、1847年、フッカーにより*Galapagoa darwinii, Galapagoa fusca*と名付けられたBoraginaceae（ムラサキ科）の植物がある。

　どういう理由か、その後グレイ（Asa Gray 1810～1888）により1862年、*Coldenia*属に改称され、*Coldenia darwinii, Coldenia fusca*となり、属名にガラパゴスが付いたものは無くなった。ガラパゴスという特別なフィールドにおいてガラパゴスを属名にするのはどうか、という考えだったかもしれない。その後、*Coldenia galapagoa*（ガラパゴア 1931）、*Coldenia nesiotica*（ネシオティカ1941）が加わった。さらに A. T. Richardsonにより二度目の属名変更がなされ *Tiquilia* 属となった。現在、IPNI（国際植物名インデックス International Plant Names Index）のデータベースによると、世界に28種ある。

　現在の属名 *Tiquilia* の4種のほか、旧属名の *Galapagoa* 2種も固有種にカウントされている。これはダーウィンが採集した当時から180年以上もの時間が経過しているため、標本原本の精査を実施し、現在自生する種と比較したのち整理、判別されると思われる。

　さらに Gray による *Galapagoa* 属から *Coldenia* 属への属名変更は1862年であるが、No Dataに繰り入れられている。属名の変更のみで、標本は現存しないと推測される。

属名の変更

命名者 属名	Hook.f（1847） *Galapagoa*		Gray（1862） *Coldenia*		Richardson（1976） *Tiquilia*

ティキリア・ダーウィニイ

ティキリア・フスカ

ティキリア・ガラパゴア　　　　　　　　　ティキリア・ネシオティカ

　メキシコにテキーラ（tequila）というアルコール度が高い蒸留酒がある。原料はリュウゼツランの一種であるが、ネット上に「ティキリアはテキーラの原料」とあったのには驚いた。全くの別物である。

3 サボテン

　ガラパゴスのサボテン科には　ヨウガンサボテン属（*Bracbycereus* 1種）、ハシラサボテン属（*Jasminocereus* 1種 2変種）、ウチワサボテン属（*Opuntia* 6種8変種）があり、どれもがガラパゴスの固有種である。この内、ウチワサボテン属を「進化が著しい植物（1）」とした。

(1) ヨウガンサボテン属　*Bracbycereus nesioticus*　p.24参照

　バルトロメ島、ヘノベサ島、フェルナンディナ島、イサベラ島、サンティアゴ島、ピンタ島に自生。

(2) ハシラサボテン属　*Jasminocereus*

　英名 Candleabra Cactus、和名 ショクダイサボテン（燭台）。大きいものは7メートルもの高さになり、6島に自生する。

サウアルシィ果実

表8　ハシラサボテン一覧　*Jasminocereus* 属

学　名	分　布
J. thouarusii var. *thouarusii*	**サンクリストバル島**　フロレアーナ島
J. thouarusii var. *delicatus*	**サンタクルス島**　サンティアゴ島
J. thouarusii var. *sclerocarpus*	**イサベラ島**　サンティアゴ島　フェルナンディナ島

太字は写真撮影地

1．J．サウアルシィ　　　2．J．デリカトゥス　　3．J．スクレロカルプス

（3）　ウチワサボテン属　*Opuntia*　進化が著しい植物（1）

　ガラパゴスではリクイグアナやゾウガメが生息するかどうか、つまり捕食者がいるかどうかでウチワサボテンの形状が異なる。これらサボテン食の動物の生息地では下部に葉状茎はつかず、樹のように育つ。動物に採食されずに生き残った結果のようだ。

　形の変化を遂げたのはなぜか探るため、現在自生するウチワサボテンを追ってみる。さらに捕食動物については第3章「ガラパゴスの動物」に先立ち、種ごとに生息する島の名を挙げ、保全に関わる話を紹介する。写真は低木種と高木種の代表的なものである。

O. echios var. *zacana*　　　*O. galapageia* var.*galapageia*

表9　ウチワサボテン一覧　*Opuntia* 属　　　　　　　　　太字は写真撮影地

学　名		分　布
エキオス種		
1．*O. echios* var. *echios*		バルトラ島・ダフネ島・**プラザ島**・サンタクルス島
2．*O. echios* var. *barringtonensis*		**サンタフェ島**
3．*O. echios* var. *gigantea*		**サンタクルス島**
4．*O. echios* var. *inermis*		**イサベラ島**
5．*O. echios* var. *zacana*	低木	**ノースセイモア島**
ガラパゲイア種		
6．*O. galapageia* var. *galapageia*		**バルトロメ島・ピンタ島・サンティアゴ島**
7．*O. galapageia* var. *macrocarpa*		ピンソン島
8．*O. galapageia* var. *profusa*		ラビダ島
9．*O. helleri*	低木	ダーウィン島・**ヘノベサ島**・マルチェナ島・ウォルフ島
10．*O. insularis*		フェルナンディナ島・**イサベラ島**
メガスペルマ種		
11．*O. megasperma* var. *megasperma*		**フロレアーナ島**
12．*O. megasperma* var. *mesophytica*		**サンクリストバル島**
13．*O. megasperma* var. *orientalis*		エスパニョーラ島・**サンクリストバル島**
14．*O. saxicola*	低木	**イサベラ島**　シエラネグラ

　リクイグアナとゾウガメの食料であるウチワサボテンは14種ある。Flora Galapagos（1971）を参照、整理し、またCDF Checklist（2018）で確認した。

　生育する島で特定できるものもあるがそれ程容易ではない。なによりサボテンに狙いを定めて写真を撮っていない。これで名前を確定できるわけはないとは思うものの試みた。

① **低木タイプ**　表9の　**5．9．14**

　低木タイプの自生する島はどこも標高が低く（30〜343 m）、面積はマルチェナ島（130 ㎢）を除外して1.1〜14 ㎢ と狭く、生育環境は厳しい。つまり標高が低いと雨が少なく、さらに面積が狭ければ食物が少ないため、草食のリクイグアナやゾウガメは生息できない。サボテンは低木のまま自生できる。

　イサベラ島シエラネグラの頂上付近で低いタイプのウチワサボテンを撮影し、Flora Galapagos（1971）によりサキシコラ種と判断した。イサベラ島は島が噴火でつながっていったもので面積は問題とならないが、本種の自生地の標高は非常に高く、上記の例外となる。ダーウィン研究所に標本が一枚あるが、確認はしていない。

５．エキオス種 ザッカーナ　ノースセイモア島　なぜリクイグアナがいる？（p.129〜130）

９．ヘレリ種　ヘノベサ島

オオグンカンドリのヒナ（p.152, 158）

14．サキシコラ種　イサベラ島　シエラネグラ

　朝日新聞（1960.2.18）「イサベラ島のサボテン」、および海鷹丸資料「世界の旅・日本の旅」p.15に
あるイサベラ島・エリザベス湾岩礁のウチワサボテン（撮影・関口）はサキシコラと思われる。

② **高木タイプ**　表9の　1～4、6～8、10～13

大型のウチワサボテンはどこから見ても壮観である。

1．エキオス種 エキオス サウスプラザ島

2．エキオス種 バリングトネンシス　サボテンの実　見っけ！
　サンタフェ島　高さはギネス級

3．エキオス種 ギガンテア　　「Opuntias y Pinzones（サボテンとフィンチ）」の解説版
　サンタクルス島

３．エキオス種　ギガンティア　幹　右は枯死　　　４．エキオス種 イネルミス　イサベラ島

　サンタクルス島・トルトガベイは、この道を作った当時のサンタクルス市長、Nelson Herreraの胸像が出迎えてくれる。出入りを記入する管理事務所が設けられ、展望台からは市内を一望できる。遊歩道の両側の光景はまるでボタニカルガーデン、いろいろな植物がみられる。植栽ではなく、自然の光景だ。ウチワサボテンの実生が数多くあり、毎年確実に発芽していることが分かる。湾に至る途中のキオスク脇に「ピンソン」の表記を見つけ、ピンソン島のマクロカルパ種かと一瞬喜んだ。ピンソンはフィンチを意味するスペイン語であった。エキオス種ギガンテアは一番大きい種という。サンタクルス島には１のエキオス種エキオス、３のエキオス種ギガンテアの２種が自生する。

トルトガベイへ　スタート　　中ほど　海へ向かう人々　　もうすぐ海　全長2,500m

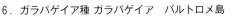

６．ガラパゲイア種 ガラパゲイア　バルトロメ島　　サンティアゴ島

7．ガラパゲイア種マクロカルパ（ピンソン島）　8．ガラパゲイア種プロフサ（ラビダ島）の2種は島へ行っていないため画像なし

2016年、日本のTV局2社によるピンクイグアナの探索が相次いで放映された。イサベラ島ウォルフ火山とフェルナンディナ島の2カ所である。

ウォルフ火山（1,707m）では火口を臨む頂上付近に、インシュラリス種が多数見られた。農耕地よりも大きな株が多かった。

10.　インシュラリス種　イサベラ島　農耕地

11.　メガスペルマ種 メガスペルマ
フロレアーナ島　ロベリア海岸先

プンタ コルモラント

小学校の外壁の絵

12.　メガスペルマ種 メソフィティカ
サンクリストバル島中央部内陸

13.　メガスペルマ種 オリエンタリス
サンクリストバル島北部

③　捕食者　ゾウガメとリクイグアナ

A. ガラパゴスゾウガメ　*Chelonoidis* 属

　ガラパゴスゾウガメとは、ガラパゴスに生息する大きなリクガメの通称で、分類学上南米に生息するアカアシリクガメ、キアシリクガメ、チャコリクガメなどナンベイリクガメ属（*Chelonoidis*）の仲間とされている。その存在を示す記録は古く、1535年フレイ・トマス司教がガラパゴスに漂着した年にさかのぼる。

　Paleobiology Database（古生物学データベース）によると、フロレアーナ島のカメは通称 Elephant tortoise（ゾウガメ）として知られていた。当初、アフリカ大陸やマダガスカル島、インド洋の島々、南米に生息するリクガメ属（*Geochelone*）の一種と考えられ、Quoy ら（1824）によりその特徴から*Geochelone nigra*（黒いリクガメの意）と命名された。

　その後、R. Harlan（1827）により *Testudo elephantopus* が発表された。この名はPaleobiology Databaseに記録はないが、なぜか長い期間使われてきた。また、現時点でガラパゴスゾウガメが属するナンベイリクガメ属（*Chelonoidis*）については、L. Fitzinger によりウィーン自然史博物館の年報１：104〜128（1835）に論文がある。なお、1835年にダーウィンがガラパゴス諸島を訪れたころには、すでに島ごとにカメの甲羅の形状に差異があることは知られていた。

　種の捉え方については長年にわたり、いろいろ提唱されてきた。最終的にダーウィン財団では *Chelonoidis elephantopus* の異名を列挙し、それぞれの原論文を再検証した。その中から Minh Le ら（2006）の「*Geochelone* 属が多系統であること、ガラパゴスゾウガメは単系統である *Chelonoidis* 属として扱われるのがベターであること」を示した論説と、マルケスら（2004）及び Poulakakis ら（2008）による「ガラパゴス諸島の *Geochlone* 分類群（*Geochelone nigra* の亜種）は遺伝学的に異なるため、独立種として扱われるべきで、*Geochelone nigra* の亜種ではない」とした論説を紹介している。サンタフェ島の *Chelonoidis* sp. は記載される前にすでに絶滅し、またラビダ島の種は他の島からの移入種のため、これらを除き、現在12種が数えられている。

ダーウィンの進化論 と ガラパゴスゾウガメ

　一般的に甲羅は、餌となる草本性植物の多い場所では「ドーム型」、少ないところでは低木やサボテン等を食べるため、首を伸ばせる背甲が反り返った「鞍型」になる。

　ダーウィンは、進化の段階として過剰生産、自然選択、遺伝の３段階があると考えた。種として進化する過程は、集団を構成する個体が世代交代を重ねることにより、前に存在した個体とは別の形状や性質の個体へ置き換わっていくことをいう。つまり進化とは、以下の３段階を経て起きるものである。

1．同じ種内に様々な形態を持つ個体がいる（ドーム型から鞍型まで）

2．その中から、たまたまある環境に対して適応力があるものが生き残る（乾燥地では高いところに食べ物があるので、採餌できないドーム型のものは個体を減らし、淘汰される）

3．結果的に適応し生き残った個体の交配により、特徴が顕著に表れる個体によって集団が維持されていく

ドーム（Dome）型と鞍（Saddle back）型

　ゾウガメは、環境が緩やかな場所・時期には、多様な形態をもつものが集団の中に存在することができる。食料が豊富な湿った場所では、首を高く伸ばせることが生存に必ずしも有利に働かないので、ドーム型のものが優位になる。しかし下草が生えないような乾燥した場所では少しでも高く首を伸ばせる形をしたものが生存に有利で、首を伸ばせない形のものは淘汰されていく。

　その結果、乾燥した地域には甲羅が反り返って首を高く伸ばせる鞍型のものだけが生き残り、その特徴を持った個体同士が世代交代を重ねることにより、より特徴的な形態をしたものが集団を構成することになる。

　一方、ウチワサボテンは、幹を持たないものはゾウガメによって葉を採食されるという選択圧を受け、高く伸長して幹を持つタイプのものが生き残る。

　より高い位置に葉をつけることで生き残るウチワサボテンと、より高い位置の葉を食べることができるゾウガメが、相互に作用しながら進化を果たしていく。この現象を「共進化」という。

ドーム型　*C. donfaustoi*　サンタクルス島　　　　鞍型　*C. abingdonii*　ピンタ島（ロンサムジョージ）

　ドーム型と鞍型の代表種を掲げる。左は2015年新種記載されたサンタクルス島の *C. donfaustoi*、右はピンタ島最後の一頭といわれていた「ロンサムジョージ」である。ジョージは次世代につなげる役割を期待されたが、2012年5月、この世を去った。

　下２枚はサンクリストバル種である。2010年11月にサンクリストバル島のブリーディングセンターで見たのは左の個体であった。右の写真は、2011年５月に家人が撮影したもので、これを見た時、鞍型とドーム型の２種がいたのかと疑問が湧いた。

　エクアドル・メトロポリタンツアーズ社の谷口英夫氏によると「ゾウガメはケージ内で５才まで飼育された後、野外に放たれる」という。甲羅の特徴が出るまで時間は相当かかるらしい。左の写真は特徴が出る前の若い個体であった。サンクリストバル島に生息するのはこの鞍型一種のみである。ただし、写真の種は既知の *C. chatamensis* とは別種との論考がある（Jensen E. L. et al. 2022）。ガラパゴスゾウガメ全種については、第三章「ガラパゴスの動物」（p.121~129）を参照。

B. リクイグアナ　*Conolophus*　属
　リクイグアナについては、餌となるサボテンは高木化したが、リクイグアナに目に見えるほどの変化はなく、サボテンの進化に追いついていない。爪を発達させ幹を登っての採餌に至らず、落果などを待つのみである。
　ウミイグアナとリクイグアナの交雑個体は、爪が長く幹に登るが、３個体が確認されているのみで、次世代に繋がっているわけではない。従ってこれを進化とは呼ばない。リクイグアナの詳細は第三章「ガラパゴスの動物」（p.129~132）にある。

④　サボテンの未来
　ダーウィン研究所では苗圃にかわいいサイズのサボテンが並んでいる。これはネイティブガーデンプロジェクトに提供する苗である。ウチワサボテンの場合、１年に約３cm、ハシラサボテンは約１cm、ヨウガンサボテンは0.5cm伸びるという。また、ハシラサボテンは花をつけるまで80年くらいかかる。一つの個体が次の世代を生み出すまでに80年かかるということだ。そして、自然の中では発芽しても、すぐに捕食者に食べられてしまう可能性がある。動物たちはサボテンばかり食べているわけではないが、苗圃の苗が食べられずに済むサイズに育ってからの移植は難しい。

サウスプラザ島では潅水機能が付いた器具を設置する試みがあった。併せて苗を頑丈な網で囲いプロテクターとする方法があればと思っていたら、2020年に実施されていた。また、エスパニョーラ島において、かなり初期からKNCFの支援によるウチワサボテンの復元計画が実施されていたが、ゾウガメ帰還に伴い、さらに金網と石で囲い安定的に成長させる策を採用した。

ダーウィン研究所　苗圃

ネイティブガーデン植栽例（幼稚園外構）

4 スカレシア　*Scalesia*属

"木"になったキク科　スカレシア　**進化が著しい植物（2）**

　木と草の違いはなんだろう。学術的には茎が二次肥大するか否か、すなわち形成層という分裂組織を持つか持たないか、古くなった細胞が木質化するか否か、の違いである。

　草は1年以内に発芽、開花、結実、枯死するものを「一年草」、この時間が2年に及ぶと「二年草」、複数年に渡ると「多年草」という。花が似ているボタンとシャクヤクを例にとると、ボタンは木で、地上部がなくなるシャクヤクは草であり、同様にニワトコは木であり、ソクズは草である。正確には一年草以外はすべて多年草である。

> 植物用語では「草」を「草本」、木を「木本」と呼ぶ。p.106

　スカレシアは木になったキク科植物。ガラパゴスでは樹木の種子が到達しにくかったため、本来樹木が茂るはずの環境に隙間があった。そのためスカレシアはその隙間（ニッチ）に適応し、様々な形に進化、高木種と低木種に分化したと考えられている。

　スカレシアが発芽一年で花を咲かせるのは、草であった性質の名残だという。これらはガラパゴス研究の第一人者である植物生態学者・長崎大学の伊藤秀三名誉教授による研究成果である。

スカレシア　ペドゥンキュラータ

　伊藤氏の調査行ではバルトラ島に着陸し、イタバカ海峡を渡ってからプエルトアヨラまでの40 kmの道のりを、当時は馬で移動していたという。高木種スカレシアの自生地、ロスヘメロスはこの途中にある。未舗装の道は1975年に整備され、車両が通行可能になった。

　乾燥地はほかの植物もまた生き抜くことは大変であり、水分は大きくなるための重大要素のため湿潤高地に到達したものは成長が著しく、木と見紛うような大きさになったのであろう。その姿は草本であるキクの仲間には到底見えない。なお、低木種もまた、木になったことに変わりはない。

　ロスヘメロスで樹林を見て、元は草のため一斉枯死すること、明るい場所での発芽が必須となり、スカレシア林に他の種が侵入すると林床が暗くなり芽を出せず、樹林を更新できないことも分かった。

　到達した隙間の地（ニッチ）でそれぞれ分化し、その数は高木３種、低木12種におよぶ。自然界で見つけるのは難しく、ウチワサボテンのように写真を撮っても後で種類を見分けることはままならず、ロスヘメロスの高木種はじめ３種を確認できただけであった。見ていても気付かなかったこともあると思う。

　スカレシアは生物進化における適応放散の例として取り上げられ、全15種の写真が「ガラパゴス植物ガイド」にまとめられている。

　　適応放散：同一起源の生物種が異なる環境下で、それぞれ進化を遂げること

表10　スカレシア一覧　*Scalesia* 属

形態	学　名	分　布
高木	*S. pedunculata*	諸島東部〜中央部の島, SCB, FLO, SCZ, SAN
	var. *pedunculata*, var. *indurata*, var. *parviflora*	
	S. cordata	ISA シエラネグラ、セロアスール
	S. microcephala var. *microcephala*, var. *cordifolia*	FER,ISA（アルセド、ダーウィン、ウォルフ火山）
低木	*S. affinis*	SCZ 南部 FLO, ISA, FER
	ssp. *affinis*, ssp. *gummifera*, ssp. *brachyloba*	SCZ 西部
	S. aspera	SCZ 南部、エデン島
	S. atractyloides var. *atractyloides*, var. *darwinii*	SAN
	S. baurii ssp. *baurii*, ssp. *hopkinsii*	PIZ, PIT, WOL
	S. crockeri	SCZ 北と東の海岸部、ノースセイモア、バルトラ
	S. divisa	SCB 北東部
	S. gordilloi	SCB 北西部
	S. helleri ssp. *helleri*, ssp. *santacruzinua*	SFE, SCZ
	S. incisa	SCB
	S. retroflexa	SCZ ボンサイスカレシア
	S. stewartii	SAN　バルトロメ
	S. villosa	FLO と周辺の島（チャンピオン、ガードナー）

ssp：亜種　var：変種　アンダーラインは撮影種・撮影地　島の略称は p.6 参照

（1）　高木種：高木スカレシアは標高が高く、湿潤な地に自生する。

　自生地は農地に適した土地柄であるため、過去には開拓時、伐採の対象となっていた。大木になっても草の性質を継承し、一斉発芽・一斉枯死をする。一斉枯死により林床に光が当たり発芽は起こる（光発芽種子）。

　この時期に林床が外来種で覆われていると太陽光が遮断され発芽できない。気候変動の影響も受けやすく、保全は必須である。

スカレシア ペドゥンキュラータ 花

（2）　**低木種**：乾燥低地に自生する。

　レトロフレクサ（ボンサイスカレシア）の姿はこんもりしていて、葉は白っぽく切れ込みが波打ち人目を引く。サンタクルス島の固有種である。珠が連なり垂れ下がるグリーンネックレスの花に似ていると思ったら、グリーンネックレスもまた、スカレシアと同じキク科の仲間であった。

スカレシア レトロフレクサ *S. retroflexa*　サンタクルス島

スカレシア アフィニス *S. affinis*　イサベラ島　　フロレアーナ島

（3）　**保全活動**

　体験・環境学習として島内数カ所の適地で植林のプログラムが実施されている。PNG退職者が興したNPO法人、フンダール農園も先進的な取り組みを行っている。農場にはゾウガメがやってくるため、境界柵はゾウガメが通過できる高さに設定され、苗圃には侵入を防ぐための囲いがある。

高木スカレシアの種　　　　　飲料パックを苗のポットに再利用

苗のポット

苗圃

スカレシア苗

農園の一角の湿地にウキクサは見当たらない

この日は3頭が姿を現した　*Chelonoidis porteri*

【余聞】日本版　木になったキク科の植物

　木になったキク科の植物は日本にもある。東洋のガラパゴスともいわれる海洋島・小笠原諸島母島の「ワダンノキ *Dendrocacalia crepidifolia*」である。父島に自生はない。父島の最高点319 mに対し母島は462 m、このわずかな標高差が自生の有無を分ける（雲霧帯は350 m以上）。ガラパゴスと同様に生態系の中の、樹木の地位を占めるように進化を果たしたといえる。父島・小笠原亜熱帯農業センターに植栽があるかと訪れてみたが見当たらなかった。

　国立科学博物館筑波実験植物園の多目的温室には、小笠原諸島の植物が栽培されている。このほか環境省新宿御苑や東京都熱帯植物館、同神代植物公園、東京大学大学院理学系研究科附属植物園（小石川植物園）にもあり、見学が可能である。

筑波実験植物園のワダンノキ（2014）

5 ミコニアー限られた自生地

　ガラパゴスでは1～5月は雨季、6～12月はガルア季（雲霧季）であるが、降雨は標高も関わる。山がある島では雲がかかり、高地に降る雨は年間1,000 mmに及ぶ。山がなければ雲は発生せず、島全体が乾燥気味になる。湿潤高地を生育地とするミコニアは、サンクリストバル島とサンタクルス島にのみ自生する。しかし、生育を阻んだ主因は片や開発、もう一方は導入種の繁茂と異なる。復元再生事業はどちらも経団連自然保護基金が支援し、保全が図られている。

(1)　サンクリストバル島 エルフンコ湖（El Junco）周辺

　ガラパゴスの県都・サンクリストバル島には諸島唯一の淡水湖エルフンコ湖があり、この周辺にミコニアは自生する。しかし付近は家畜放牧地として開発され、さらにブラックベリーが逸出した。

　また、パッションフルーツの侵入（p.114）もある。全島挙げて保全態勢がとられ、保護地周辺の余地や周辺牧場の柵外にも植栽されている。

　季節により葉の色は著しく変化する。

El Junco　エルフンコ湖（諸島唯一の淡水湖 標高 650m）　植栽地拡大中

ミコニア自生地 10月末　　　　　　　　5月　ミコニア開花

（2）　サンタクルス島 クロッカー山

　標高 864 mのクロッカー山の登山道の両側にミコニアは自生していた。シダ類に混ざって点在する丸い緑の葉は、アカキナノキである。

　入植者はマラリアを恐れ「抗マラリア薬キニーネ」原料木のアカキナノキ（p.113）を導入した。しかし、ガラパゴスにマラリアはなかった。アカキナノキは種子を風に乗せ島内に拡散させ、生息域が拡大した。ミコニアの自生地にも侵入、繁茂してミコニアを枯死に至らせた。

枯死したミコニアが点在する

丸い緑の葉がアカキナノキ

標高620m・気象観測点　メディアルナの拠点

青いイトトンボ発見（写真は撮れず）ミズゴケがある

市街地から見たメディアルナ

6 植物の移動　3つのW (p.22参照)

　海洋島における生物の移入の可能性は鳥・風・水の順に高いといわれているが、周囲は海のため、水・風・鳥の順にし、代表的なものを紹介する。

（1）　水に運ばれる種子　ペチュニア　*Exodeconus miersii*

　海流に乗って生育地を広げるペチュニアをイサベラ島の農耕地へ向かうロードサイドに見つけたが、このような内陸での初見に驚いた。町へ戻り住宅地の外れに見た時は、波がここまで打ち寄せてきていたのだろうと思った。そして翌日、老舗のホテル前の海岸に行くと、ペチュニアが波打ち際に広がっていた。波に運ばれ最初に到着したのはこの場所だったのだ。

　当初は波に運ばれたとしても、そののちは鳥に食べられ、巣材に使われ、海岸周辺だけではなく分布を広げていく。この植物についていえば、調査に赴く順番が違っていたようだ。

イサベラ島

フロレアーナ島　大きな波がくれば水をかぶる

住宅地のペチュニア

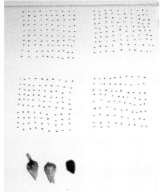

1個の果実の種子数をカウント383粒

　ヘノベサ島ではペチュニアの枯れ枝が浜に打ち上げられ、アオメバトがつついている。周囲を見渡したところ、崖の中ほどに生えているのが見えた。また、別の上陸地点を上がると低木ばかりの台地の、溶岩の窪みにコミミズクやウミイグアナがいて、周辺にはペチュニアがあった。

ペチュニアとナスカカツオドリ　　　　　　　　　赤○部分拡大　ペチュニアが垂れる　右は若鳥

(2) 風に運ばれる？種子　ガラパゴスコットン　*Gossypium darwinii*

　車窓から初めて見た時、それは黄色のバラの花に見えた。よく見るとオクラの花と同じである。群生地の周辺には絮（ワタ）がたくさん落ち、へばりついていた。写真（p.85）左には蒴果が写っているが、開裂したものはなかった。フロレアーナ島では歩くことに精いっぱいで、ガラパゴスコットンの枯れ枝のアップは思いもよらず、風に吹かれて分布を広げていると単純に思い込んでいた。

　半世紀前、日本では外国産の綿の栽培が流行し種をまいてみたが、本葉4枚に伸びた頃、風に吹かれ枯れてしまった。記憶をたどると、種子の袋には「生育地は風のない地方なので風を避ける」と注意書きがあったようだ。このことから風で飛ぶことはないと気付くべきだった。

　大阪市立自然史博物館ホームページの「Q＆Aコーナー」に「綿にとって絮はどう意味をもつか」という質問があり、学芸員氏の回答にヒントを見出したため、以下ご紹介する。（＊は筆者加筆）

　　【リドレイの有名な種子散布の本には風散布の項に出ている。しかし栽培ワタの種子を見ると、これは栽培化による変化で野生のものでは毛はもっとまっすぐに伸びているとしても、あのようなヘナヘナの毛では風を利用するのに適しているとは思えない。

　　　Van der Pijl（1969）の種子散布の教科書によれば『ワタ属や *Ochroma*属（＊パンヤ科・バルサ材）の種子の毛の生態に関しては、風による散布と水による散布と、どちらが重要であるのかに答えるためには観察が必要であるという。

　　　Stephens（1966）は浮遊と耐塩性に関する実験を行い *G. darwinii*（ガラパゴス固有のワタ属植物）は海流によってガラパゴスに到着したかもしれないが、それより遠い太平洋諸島のワタ属の種については確実ではない、としたとある。ハワイなど太平洋諸島には、固有のワタ属植物が分布し、中にはハワイのワタのように、毛がなく（毛を失って）水に沈む（ようになった）ものもあるが、もとは海流散布によって島にたどり着いたものと考えられる。すべてのワタ属植物の生態を調べたわけではないので、現時点では Van der Pijl のように言っておくのが賢明だと思うが、水流散布の方が有力であると私は思う。裂開した果実から飛び出すのには、風の力によった方が良さそう。】

　回答はとても分かりやすかった。ガラパゴスコットンの来歴は海流に違いない。

サンタクルス島　花一輪、蒴果は開裂なし（茶色球状）　フロレアーナ島　これを見て風散布を確信したが…

　綿を集めて、何かにできないかと思うが、島の方々は見向きもしない。蒴果が小さく、当然繊維は短い。糸にすることに価値を見出さないのだろう。日本の知り合いの織作家は、手にしてみたいと意欲的であった。彼女の芸術の素材として取り入れたら、どんなものが出来上がるのか見てみたい気もするが、どんなに渇望されても、自然のものはガラパゴスから持ち出すことはできない。

（3）　風に運ばれる種子

キク科　タンポポ・アレチノギク・ヒメムカシヨモギ・ハルノノゲシ

　タンポポをイサベラ島の牧場内で見つけた。Flora Galapagos（1971）に記載はなく、ほかの島では見ていない。また、周辺には*Conyza bonariensis*（アレチノギク）と南米原産の *C. canadensis*（ヒメムカシヨモギ）もあった。サンタクルス島では、農耕地帯の道路沿いに *Sonchus oleraceus*（ハルノノゲシ）を多数見かけた。日本のものと同一種であった。

タンポポ　　　　　　　　　　アレチノギク

ヒメムカシヨモギ　　ハルノノゲシ

ポロフィルム　*Porophyllum ruderale* var. *macrocephalum*

　イサベラ島の火力発電所付近の道路中央分離帯に沿ってポロフィルムが並んでいた。葉は良い香りがする。農地へ向かう移行帯にも小さな株が点在していた。

　Flora Galapagos (1971) には、サンクリストバル島、エスパニョーラ島、フロレアーナ島、サンタクルス島のほかピンソン島、ピンタ島、ラビダ島、セイモア島、ガードナー島、またイサベラ島ではダーウィン湖周辺に分布と書かれていた。この仲間のキルキーニャはハーブとして利用されている。

ポロフィルム　　　　　　　　　　　　　　　道路中央分離帯に沿って生える

（4）　鳥由来の植物

　鳥由来には二通りある。羽毛に付着して運ばれる種子（付着型）と鳥に食べられて運ばれる種子（被食型）である。

①　羽毛に付着して運ばれる種子の例：スカレシア属　*Scalesia*

　木になったキク科植物「スカレシア」にはタンポポのような冠毛はないため、鳥に付着して運ばれたと推測されている。スカレシアは 進化が著しい植物（2）p.76～80に記した。

②　鳥に食べられて運ばれる種子の例：ヤドリギ　*Phoradendron berteroanum*

　日本のヤドリギの細長い葉とこんもり丸い集合体が頭にあると、ガラパゴスのヤドリギは大分印象が違う。ガラパゴスでは葉が広い。そういえば、日本にもオオバヤドリギという種がある。

　ガラパゴスのヤドリギ、フォラデンドロンは葉に厚みがあり白い実がついていた。湿潤高地と乾燥低地の両方で自生種を見た。湿潤地のモスが絡む宿主はグアバのようだ。乾燥地はクロトンが母木で、丸くこんもりまとまっており判別しやすかった。

　鳥由来を「羽毛と食」としたが、脚に付いた泥に混ざって運ばれる可能性もある。筆者は永年プールの生き物を調査していたが、閉鎖性水域であるプールに「ウキクサ」が発生した年もあった。

湿潤地　果実は白い

乾燥地　　　　　　　　　宿主　*Croton scouleri*　　　　宿主は落葉の季節　ヤドリギは青々

（5）　どのように運ばれたのだろう　ビワ　*Eriobotrya japonica*

　ガラパゴスの植物のうち、導入種・移入種とされるものには状況に拘わらず移入されたものと、栽培種・園芸種とがあり、さらにそれらが逸出したものとがある。

　フロレアーナ島の山頂付近で、思いがけなくビワを見つけた。日本の我が家のビワは播種後10年で実を付けた。この木は果樹としての大きさは十分であるが、花も実もつけていなかった。ここに定着するまでに、どのような経過を辿ったのだろう。

　中国南西部原産だがジャポニカ（*japonica*）という日本産を思わせる名である。ガラパゴスでは移入種であるものの、それほどActiveではないらしい。

ビワ

7 水生植物

（1） ナンゴクアオウキクサ　*Lemna aequinoctialis*　（種子植物）

> 種子植物（被子植物・裸子植物）は種子で殖え、シダ植物、コケ植物は胞子で殖える

　いつの事だったか（2010年より以前）、ガラパゴスゾウガメの顔にウキクサがびっしりへばりつい
ているカレンダーを見た記憶があり、ガラパゴス諸島に行ったら絶対見たいと思っていた。ダーウィ
ン研究所の飼育場をのぞいたが、ここは湿地ではなく、水場はきれいに清掃され、存在する気配はど
こにもない。ネイティブガーデンの推進を担うフンダールの農園の一角の湿地にはゾウガメがやって
くる。この水たまりにもウキクサはなかった。

　出会えたのはサンタローサ（p.18地図）のエルチャト、溶岩トンネルとゾウガメの生息地の観光ス
ポットだった。甲羅の展示施設があり、敷地内の水路にウキクサがあった。しかし、流れにただよう
程度でカメの顔にへばりつくような数でも場所でもない。

　さらに奥の方にゾウガメのいるエリアがあり、その湿地でようやく見つけたが、繁茂する時期では
ないのか水面を覆うほどではなかった。ゾウガメの生息地は限られるので、この地のゾウガメがカレ
ンダーを飾っていたのだろう。残念ながら根の部分の確認はできない。なぜなら、採取を疑われるよ
うな紛らわしい行動はとれないからだ。根が黒く見えるがはっきりしない。

エルチャト　*Lemna aequinoctialis*

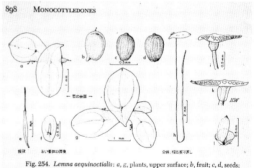

図11　ナンゴクアオウキクサ
Flora Galapagos（1971）p.898より改変

　CDFのデータによると、このウキクサは *L. aequinoctialis*（ナンゴクアオウキクサ）である。標本
は2葉あり、サンタクルス島産は1964年2月、採集地不明の1枚は2003年7月に採集された。図鑑に
は図のほか、南アリゾナからアルゼンチンとアフリカからフィリピン諸島に分布、ガラパゴスでは大
きな島のいくつか（サンクリストバル島、サンタクルス島、フロレアーナ島）に自生するとある。

　ゾウガメとウキクサの写真は、後にJAGA のツイッター（2013）に写真を見つけた。彼らの冷水
浴は暑さ対策で、寄生虫や蚊を避けるためでもあると記されていた。

(2)　アゾラ　*Azora cristata*　（シダ植物）

　サンタクルス島の南東部ガラパゲイラに抜ける道の低地には、さまざまな色が広がっていた。窪みに赤い色があったが、あれは水生シダのアゾラだったのかもしれない。植物調査の初期のころ、目的外に写真を撮ることが憚られたため、写真はない。後日、セロメサに出かけた家人がアゾラを撮影した。

　アゾラは Flora Galapagos（1971）に *Azora microphylla* とあるが、*A. microphylla, A. mexicana, A. caroliniana*（アゾラ・ミクロフィラ、メキシカーナ、カロリニアーナ）の３種は、2005年 *Azora cristata*（アゾラ・クリスタータ）として統合された（渡辺 巌「日本でのアゾラ利用の現状と将来」雑草研究Vol. 51（3）2006）。

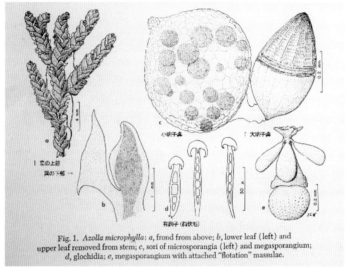

Fig. 1. *Azolla microphylla: a*, frond from above; *b*, lower leaf (left) and upper leaf removed from stem; *c*, sori of microsporangia (left) and megasporangium; *d*, glochidia; *e*, megasporangium with attached "flotation" massulae.

図12　アゾラ　Flora Galapagos（1971）p.62より改変

根は5～10 ㎝の長さがあった　群生（セロメサ）

サンタクスル島セロメサ　ビューポイントから

　アゾラは西インド諸島、ペルー、ブラジルを含む中南米に分布する。

　諸島内分布はイサベラ島、サンタクルス島、サンクリストバル島、サンティアゴ島、フロレアーナ島で、沿岸部と乾燥帯（標高79 m）にあるほか、移行帯（標高168 m, 265 mの2カ所）、湿潤地（標高380 m, 420 m, 480 m, 650 m, 850 m の5カ所）と、生息域は広い。

　1959年海鷹丸 フロレアーナ島の記録に「500 m以上の処は泉もあり農場が開けていた。……沼地にはサンショウモが水面を覆っていた（新野）」、「赤いサンショウモが一面に浮いている（関口）」という記述があるが、サンショウモ（*Salvinia natans*）は、和名の名の通り、山椒のような葉であり、本種ではない。

　CDFデータベースには *Azora cristata* のほか *Azora filiculoides*（和名：ニシノオオアカウキクサ）の記録がある。フロレアーナ島の自生種がどちらかは不明である。

　ある年、筆者の近隣地区の水域に水草が発生し、その殖え具合が凄まじいため、「特定外来種」である本種「アメリカオオアカウキクサ」を疑い大騒ぎになった。相談を受け、手元の顕微鏡で在来種の特徴を確認したが、種名を判断する立場になく、専門家による同定をお勧めした。

(3)　マングローブ

　マングローブはとても難しい。木の根が地表から立ち上がり、タコの足のような形状（支柱根）がマングローブと今まで思っていたが、これはマングローブの一つ、ヒルギの仲間であった。植生の項（p.25）にも記したがマングローブはヤシやシダの仲間も含まれ、熱帯・亜熱帯の潮間帯（潮の満ち引きで水位が変動する海岸域）に生育する植物群落の総称だという。ガラパゴスでは、和名としてマングローブと名が付く4種とオオハマボウがある。

表11　マングローブ一覧

和　名	科　名	学　名	特徴など
レッドマングローブ	ヒルギ科	*Rhizophora mangle*	細長い棒状の実をつける 実は落下し土に刺さり生育
ボタンマングローブ	シクンシ科	*Conocarpus erectus*	薄く小さい葉　最大8 m 果実はボタンのように丸い
ホワイトマングローブ	シクンシ科	*Laguncularia racemosa*	砂泥質海岸　別名：ヒルギモドキ 薄く平たい実を付ける
ブラックマングローブ	クマツヅラ科	*Avicennia germinans*	最大10 m
オオハマボウ	アオイ科	*Hibiscus tiliaceus*	高さ4〜12 m 木材としての有用性が高い

　上の4種は海からの距離で種類が変わり、レッドは一番海寄り、ホワイトは一番遠く、ブラックはその中間に生えるという。実際には海流とその強さ、浜の状態などが複雑に関わる。

　サンタクルス島の魚市場周辺はホワイトマングローブが茂りカッショクペリカンの指定席状態である。オオハマボウは p.47のランドマークの風車の写真左端にある。良い画像はないため小笠原諸島父島での写真を掲げる。

レッドマングローブ　発芽準備を樹上で行う　　　　ボタンマングローブ

マングローブの呼吸根（根が上に向かって伸びる）

ホワイトマングローブとカッショクペリカン

参考：オオハマボウ 種子は海水に浮く
開花時は黄色であるが、時間の経過に従って赤くなる

小笠原諸島父島大神山公園 午後3時過ぎ撮影

ホワイトマングローブの芽生え
サンタクルス島 ラスバーチャス

　小笠原固有種のテリハハマボウを山中で確認した。これは海流散布のオオハマボウが山へと生育を拡大し進化した結果、種子が水に浮く性質が消滅したもので、清水善和は「小笠原諸島に学ぶ進化論（2010）」の中で"海水に溺れる種子"と解説している。進化は案外、身近に例があるのだろう。

【余聞】プエルトアヨラ周辺

　サンタクルス島の海辺には「レッドマングローブ」と「フィンチベイホテル」という高級ホテルがある。ホテル レッドマングローブはダーウィン通りに面して入口がある。マングローブの茂みの間に点在する客室を通過、ほどなくフロントに到達する。このしつらえであるので東日本大震災の津波にはひとたまりもなく、全客室に被害が及び休業した。陸路にはたどる道がなく、プエルトアヨラ港から送迎の船が出るフィンチ ベイホテルにも、被害は及んでいる。

ホテル レッドマングローブ入口

アクアタクシー　一人25セント　　　　　　　　　　フィンチベイホテルの宿泊者向け専用船

　塩田やラス　グリエタス「裂け目」という地形に由来する名が付いた遊泳場へ行くには、プエルト
アヨラ港から対岸までアクアタクシーを利用し、下船後徒歩で目的地に向かう。
　「この浜辺をキレイに維持しましょう」という掲示板より先は、木道となっていて歩きやすい。フ
ィンチベイホテルの前の浜はプライベートビーチのようだ。東日本大震災の津波で、ホテルでは橋な
どが流されたと聞いた。この木道が壊れてしまったのだろう。
　塩田前のグリエタスへの順路標識には「ここから550 m、所要時間は20分」とあり、日本の不動産
業界の「1分80 m」という距離基準によれば3倍もかかり悪路は歴然である。市民が余暇を楽しむ
ことは、なかなか大変である。
　ラス　グリエタスも、前に紹介したトルトガベイ（p.18, 59, 71）も目的地に着くまでに相当の距離
がある。日本では道はどこまでも繋がっているものだが、ガラパゴスではそうはいかない。陸路が不
可なら水辺からアプローチする。港にアクアタクシーが多い理由である。

Mantengamos limpia la playaの看板　　　　　　　潮の満ち干を物語る穏やかな浜

順路　後ろは塩田

一帯は国立公園

この上流が遊泳場
今は飛び込み台もある
川の名はグリエタス川だろうか

8 見た目が変わっている植物たち

（1）　マタサルノ　*Piscidia carthagenensis*

サンタクルス島とサンクリストバル島に自生する。街中ではわずかな葉っぱを見たのみであった。

初めて見た果実は周縁が波打ち、まるで造花のようだった。枯れた実を振ったら、音が出るだろうか。葉は？　花の色は？　形は？　この植物について次々と知りたい事柄が生じてくる。サンクリストバル島では全部を備えた株を見つけた。一体どのような生活型なのだろう。

ダーウィン研究所にはマタサルノの研究で博士になった方がおられる。研究しがいのある植物と思われる。マメ科の在来種である。

（2）　パイナップルの仲間　チランドシア　*Tillandsia insularis*

フロリダから南米にかけてチランドシアと同じパイナップル科のカトプシス属ベルテロニアナという食虫植物がある。木に着生し、葉の間のたまり水に落ちた虫を栄養とするといわれる。

チランドシアは着生植物である。本種を初めてイサベラ島で見かけた時、もしかしたら今の姿は進化の途中で、何万年か経ったら、食虫植物になっているかもしれないと思った。

> 着生植物：土壌に根を下ろさず他の木や岩盤上に付着、生育する。寄生と異なり
> 着生した木から養分は摂らない。

チランドシア　イサベラ島　ガルア季　　フロレアーナ島　湿潤地　　　　　　朔果

（3）　とげとげの木　気を付けて～

　幹や茎にとげが見えたらむやみに触ることはない。ブッシュの中では引っかかり初めてとげがあるとわかる。傷が生じ衣服が破れたりする。山椒の仲間・ザンソキシラムは一番怖い。英名はCat's Claw（ネコの爪）、ゾウガメが好んで食べるという。この植物も食べられないよう進化したのだろうか？

　パーキンソニアは風にそよぐヤナギの風情、しかし刺は荒々しい。

　スキュティアは、いかにもとげとげしく危険を感ずるが、熟した実をフィンチが食べに来る。枝の間に巣をつくることもある。

 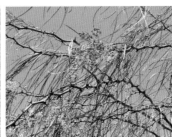 

Zanthoxylum faga　　　　　*Parkinsonia aculeate*　　　*Scutia spicata*
ザンソキシラム　　　　　　パーキンソニア　　　　　　　スキュティア

スキュティアの実はフィンチの好物　　　枝の中に巣も作る 伐採は巣立ち後だったか

9 つる植物

> マント群落：森林の周囲に発達するつる植物や小低木の群落

(1)　フウセンカズラ　*Cardiospermum* 属

　サンタクルス島では街区外縁に生育し、その様子は日本のマント群落のつる植物そのものである。和名は植物の特徴（風船のような実、つる植物）を表すが、この地ではスペイン語で目玉焼き「huevo frito ウェボ・フリトー」という。小さな花をよく観察し「黄身と白身の目玉焼き卵」に見立てたとは、食いしん坊さんが付けた名前に違いない。

　フライドエッグ ジェリーフィッシュ（和名サムクラゲ）という目玉焼きそっくりなクラゲは、50 cmもの大きさになるらしい。ガラパゴスのこれは小人さんの目玉焼き、楚々とした風情のある花である。固有種（*C. galapageium* p.63）と在来種（*C. corindum*）がある。

フウセンカズラ在来種　　　　　　　　　　　　　　　　　　住宅街のはずれ　サボテンを覆う

(2)　トケイソウの仲間　*Passiflora* 属

　トケイソウは空地に進出、果実はフィンチのえさとなる。

　在来種とガラパゴスクサトケイソウなど固有種3種があり、それぞれ葉の形に特徴がある。その他、農産物が自然界へ逸出したクダモノトケイソウ（パッションフルーツ p.114）もある。

　P. tridactylites 以外の3種がネイティブガーデン推奨植物である。推奨種には、入手や栽培が容易で丈夫なものが選ばれているようだ。

在来種 *P. suberosa*　広域に自生　　固有変種　　　　　　　　　ガラパゴスクサトケイソウ　果実
　　　　　　　　　　　　　　　　　P. foetida var. *galapagensis*

固有種 *P. colinvauxii*
カイトのような葉

固有種 *P. tridactylites*
鳥の足状の葉

花

(3)　ガラパゴスゴーヤ　*Momordica charantia*

　ガラパゴスゴーヤというが固有種ではなく、大陸の熱帯から亜熱帯に分布する。Flora Galapagos（1971）にはイサベラ島やサンタクルス島に分布とある。生息域を広げているようで、サンクリストバル島の数カ所でも見かけた。塀に絡まり、空地を占領し、そこかしこに見かける。5 cm程のかわいい実が熟し、赤い種子がのぞくとフィンチが飛んでくる。

　ゴーヤは人間が食べるので、お隣から頂き試食をしてみた。しかしこれは硬く、ナイフで割るのが大変で、結局食べられなかった。この硬さと熟した実の軟らかさは同じ植物とは思えない。今は見向きもされないが、子どもたちは種子の周りの赤い部分を舐めていた時代があったという。甘いらしいが、種子を飲むと中毒症状が出ると記述があるものの、真偽のほどは分からない。

モモルディカ カランティア

果実を分割
下段 1，1/4，1/4，1/2

裂開した実にアリの群れ

(4)　仮称 トゲヘチマ　*Luffa sepium*

　外側に刺が並んでいる。先端が欠けた丸い果実の中をのぞくと、ヘチマのようなクッション状、「トゲヘチマ」と勝手に名を付け呼んでいた。花を見たいと家人に伝えたら、運よく時期が合い撮影できた。

　よく見かける黄色いウリ科の普通の花だった。ヘチマの属名「*Luffa*」をもとに図鑑を引いたらヒット、フロレアーナ島にのみ分布するとあった。

　後日、イサベラ島でも確認した。

海鷹丸・新野のフロレアーナ島での記録に「刺のあるカラス瓜が枯れたまま、さがっていた。」とあった。朱色のカラスウリの実は、枯れると薄茶色になる。ガラパゴスにカラスウリはないため、本種と断定できる。

L. sepium（当初はL. astorii　異名）　　　　　　花

(5)　仮称 クワズウリ　*Cucumis dipsaceus*

枯れ草の中の、クリスマスのオーナメントにできそうな金色のウリは卵の大きさで、小さなメロンの風情だが、種が多く甘くもなく食べないという。筑波実験植物園展示にはアフリカ原産とあった。

Cucumis は3種あり、本種の他、栽培種に *C. melo*（和名・ザッソウメロン）、*C. sativus* はキウリである。

白ナスの英名はエッグプラント、本種の英名はタイガーズ エッグ。哺乳類に卵とは？　と思ったが、果実は金色の毛が密生、それを虎の毛皮に見立てたと思われる。

ガルア季　　　　　　　　　　　　　　　湿潤地

(6)　仮称 テントウムシマメ＝トウアズキ　*Abrus precatorius*

　種子がガラパゴス固有種のテントウムシにそっくりな（全体は朱赤で、先の方が黒い）マメ科の植物で、フロレアーナ島とサンタクルス島で自生を見た。名前が不明のため、このつる植物を勝手に "テントウムシマメ" と呼んで楽しんでいた。

　空港周辺の店にはこの種子を使ったアクセサリーが売り場を彩っている。他に同じ色合いで、もっと粒が大きくボリュームのあるネックレスもある。本土に自生するオルモシア *Ormosia coccinea* である。マメ科の木本で10mにもなる。

　Flora Galapagos（1971）では、マメ科は当時 Legumninosae で、現在の科名 Fabaceae はない。Bean family（マメ亜科）でも索引してみたが、*Abrus*の記載はなかった。

　熱帯アジア原産で、ガラパゴスにやって来たのは1970年以降と推測する。CDF Checklist（2018）には記載がある。アクセサリーの加工には種に針を通すが、ばらけた場合、発芽はないのだろうか。

トウアズキ　花　　　　　果実　　　　　　　　　　　　　　上二点：トウアズキ　一粒４×６㎜
　　　　　　　　　　　　　　　　　　　　　　　　　　　　　下　　：オルモシア　一粒11×14㎜

(7)　ヒルガオの仲間　*Ipomoea* と*Merremia*

　国立歴史民俗博物館（千葉県佐倉市）には付属の「くらしの植物苑」がある。毎年夏には伝統朝顔が展示される。江戸期以降の園芸の世界では葉や花の変化や組み合わせを楽しむ「変化朝顔」が作り出された。歴史民俗博物館では、「人と植物の関わり」の歴史資料として品種保存に取り組む。変化朝顔のほか明治以降の大輪朝顔、ヨーロッパ・北米産の近縁の朝顔の展示もある。

　2016年、植物苑に出かけた際、黄色のヒルガオが展示の中にあった。花は小型で葉は丸いケニア産黄色イポメアで、花はオレンジ色を帯び、オシロイバナのようにも見える。サンクリストバル島では鮮やかな黄色の花を見た。これは *Meremia umbelata* で移入種である。

　ガラパゴスのイポメアは14種、内固有種２、在来種４、移入種７、１種は No Data（p.60）である。地を覆う緑被植物として、次頁 ◎ 印の３種がネイティブガーデン用に推奨されている。

◎ *Ipomoea habeliana*　　　◎ *I. pescaprae*　ペスカプラエ　　　◎ *I. triloba*　トリローバ
　イポメア ハベリアナ　固有種　　　グンバイヒルガオ　在来種　　　在来種

丸葉のイポメア　　　　　　　　　　　空色のイポメア　*I. tricolor* ？

Meremia aegyptia　　　　　　　　　*M. umbelata* ウンベラータ　移入種
メレミア アエジプティア　在来種

メレミアの属名はCheck List（2018）による

参考１. 黄色イポメア（ケニア産）　参考２. ナス科　ソランドラ　　　*Solandra grandiflora*
　　　　　　　　　　　　　　　　　　　　　　　　　　　　　　　　時間経過で変色

10 身近な植物たち

（1）　ソルトブッシュ　*Cryptocarpus pyriformis*

　海岸近くに茂みを作っていることが多く、塩気を好むと思っていたが、2kmほど内陸の造成地にも繁茂していた。つる状で花もつく。海辺のグランドカバーとしてp.106でも紹介する。

住宅街のソルトブッシュ　水道管敷設済区画　　　イタバカ　花盛り

（2）　トマト　*Solanum*

　農産物のミニトマトも自然界に逸出して街中に自生している。しかし、人々が食べることはない。農業地で、木から落ちたばかりのオレンジを拾ったら、即食べてはダメと注意が飛んできた。市場の玉ねぎの外皮は外され白い。銀座の料亭に納めるような品質である。豆類もサヤから出ている。輸送上無駄な部分は外すと納得していたのだが、カビや菌の問題のようだ。

　Flora Galapagos（1971）では *Solanum* 属は4種、*Lycopersicon* 属は2種あり、独立の属として扱われていた。近年の分子系統解析によりジャガイモやナスと同様に *Solanum* 属になった。CDF Checklist（2018）では *Solanum* 属は18種になる。

　市場で見かけるミニトマトはヘタが反り返るのに対して、ガラパゴス固有トマトは実に対してヘタは平らなのが特徴で、これがミニトマトの原種という。熟しても色はオレンジ色であった。

ガラパゴストマト　*Solanum cheesmaniae*　　　サンタフェ島

大型本「GALAPAGOS（Tui de Roy 編）」の写真集に、チャールズ ダーウィンを高祖父とするロンドン自然史博物館の植物学者 Sarah Darwin（1964～）が序文を寄せている。

　彼女は2013年に *S. cheesmaniae* から *S. galapagense*（写真左）を独立させ、また *S. cheesmaniae* の３品種を記載した。サンタフェ島のこれぞ「ガラパゴストマト」を見ていたので、ヘタが平らでも赤い実のものは何だろうと思っていた。４種とも固有種である。

Solanum galapagense　　　　　　　　　　　路傍のミニトマト　逸出種

　ある日、日本のTV番組で「ガラパゴス固有種のトマトは多年草、木に実がなるトマトです」と紹介していた。ナス科で同じ仲間に相違はないが、これはエクアドルをはじめコロンビア、ペルー、ボリビア、チリで栽培される tomate de arbol（木のトマトという意味 *Solanum betaceum*：タマリージョ）というフルーツで、全くの別物である。

（3）　オオバコ　*Plantago*

　ガラパゴスには固有種のオオバコがあり、サンタクスル島ロスヘメロスで見た。イサベラ島のシエラ ネグラへの山道や登山拠点のベンチの周囲にも見つけることができた。へら状の葉で、穂状につく実の一つに種子はわずか２個、外来種の種子数は18個という。

　日本では、種子が粘る性質により、あちこちに運ばれ分布を広げ、昨今は標高2,000 mもの高い山にまで登っている。物干し場の片隅に見つけたオオバコ（*Plantago major*）は日本の種と同じで、この地では外来種になる。

固有種　*Plantago galapagensis*　　　　外来種　*Plantago major*
イサベラ島

(4)　ホオズキ　*Physalis*

フィザリスは固有種（*P. galapagensis*）、在来種（*P. angulata, P. pubescens*）のほか、導入種として食用ホオズキ（*P. perviana*）がある。ホオズキの生育時期は短く、うっかりすると見過ごしてしまう。固有種にもかかわらず、ある公的施設では無残にも刈り取られていた。

イサベラ島シエラネグラの山道で、他グループを案内するナチュラリストガイドが「植物を見ているのか」と話しかけてきた。彼はホオズキ数種をひっくるめて"チャイニーズ・ランタン"と呼んでいた。花は白の他黄色もあり、また袋は今まで丸いと認識していたが、五角形や十角形のものがあった。

固有種　*P. galapagensis*　ガラパゴスホオズキ　五角形の実　　　　　　　　　　　　　花

在来種　*P. angulata*　十角形の実　　　　*P. pubscens*　　　　　　　*P. perviana* 食用ホオズキ

【参考】類似種

ニカンドラ *Nicandra physaloides*　　クロホオズキ（園芸種・日本で撮影）　アメリカイヌホオズキ
Solanum americanum

ほかに現地でホオズキと認識されるものに同じナス科のイヌホ
オズキの仲間（*Solanum americanum*）とニカンドラ（*Nicandra*
physalodes：日本では園芸種クロホオズキ）もある。

　丈が大きなホオズキがあったという知らせに駆けつけたとこ
ろ、同じナス科ではあるが属は異なるブロワリアであった。

Browallia sp.

(5)　ニワゼキショウの仲間　シシリンチウム　*Sisyrinchium*

　CDF Checklist（2018）には *S. galapagense* のほか2種がある。導入種とされた *S. micranthum*（ミ
クランサム）は初期に記録の混同があり、今回の精査で固有種 *S. galapagense* が見出された（p.4）。

　イサベラ島シエラ ネグラの登山道にニワゼキショウの仲間を見た。3種のどれに当たるのだろう。

　日本で、ある時キジバトが一羽、植え込み周辺をつついている。見るとニワゼキショウ（北米原産・
S. atlanticum）の丸い実がすっかりなくなっていた。それまで花を全く見ていない場所に、ある年
一面にニワゼキショウが咲いて不思議に思ったが、種をまいたのは鳥なのだと合点した。

Sisyrinchium sp.　2010.10

2011.6　群落を形成

(6)　トウゴマ　*Ricinus communis*　導入種・逸出種

　空地のあちこちに見かける。バルトラ島の空港貨物の集積場付近にも密生していた。運搬中にこぼ
れ発芽したものだろうか。ひまし油の原料となる。

塀の中側から顔を出す

牧場柵外

11 見た目が似ているものを集めてみた

（1）　海岸付近の植生

① ハマミズナ科 セスビウム と スベリヒユ科 ポーチュラカ

　海岸近くの地を覆う植物、どこの島でも必ず目にする。どれも同じように見えるが、同じでありながら別種にも見える。多く目にするのは海岸に自生し、乾期には植物全体が赤くなるハマミズナ科ガラパゴスミルスベリヒユ（白花）である。ミルスベリヒユ（花はピンク）はネイティブガーデンの推奨種となっている。また、ハマミズナ科別種にピンクの花で葉が丸いトリアンテマもある。

Sesuvium edmonstonei
ガラパゴスミルスベリヒユ　11月初め　　　　　　　5月

ミルスベリヒユ　*Sesuvium portulacastrum*　　トリアンテマ　*Trianthema portulacastrum*

　ガラパゴスには日本の畑で見かける救荒植物のスベリヒユ（*Portulaca oleracea*）と固有種・ガラパゴススベリヒユ（*Portulaca howellii*）のほか、マツバボタン（*Portulaca glandiflora*）、ヒメマツバボタン（*Portulaca pilosa*）、園芸種（*Portulaca umbraticola*）の記録がある。

　固有種の花はマツバボタンのように大輪で、花は黄色い。茎は赤く、海岸崖地に自生し、花期はわずか1週間という。

スベリヒユ *P. oleracea*　左：花　右：種子結実　　　　　マツバボタン *P. grandiflora*

② **塩生植物 ソルトブッシュ と バティス**

　浜には塩分に強いソルトブッシュ（英名 p.101）とバティス（英名ビーチワート）が生い茂る。どちらもエバー グリーン シュラブ（常緑の灌木）のため、同じように見えるようだ。

　前者の葉は幅広、後者は短い柱状の葉である。バティスは匍匐性で、その実はお節料理の飾り「チョロギ」に似ている。エルニーニョの際、ウミイグアナが食べるという（伊藤秀三：「ガラパゴスの生態系・その不思議さを探る」JAGA設立記念シンポジウム 2006）。

ソルトブッシュ *Cryptocarpus pyriformis*　バティス *Batis maritima*

③ **膝丈ほどの2種**

　ノラナはネイティブガーデン推奨種のため、目に触れることが多い。クレッサはサンクリストバル島に自生、花はあでやかであるが、残念ながら花は見られなかった。前者は木本、後者は草本である。

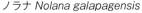

ノラナ *Nolana galapagensis*　　　クレッサ *Cressa truxillensis*

(2)　トウダイグサ科のトウダイグサ属（*Euphorbia*）とニシキソウ属（*Chamaesyce*）

　ニシキソウの仲間、日本由来のシマニシキソウ（*Chamaesyce hirta*）とイリオモテニシキソウ（*Chamaesyce thymifolia*）がガラパゴスで見られる。この地では意図せず移入（Introduced Accidental）されたものである。これらとよく似たショウジョウソウモドキ（*Euphorbia heterophylla*）もある。似ていても属は異なり、前者はニシキソウ属（*Chamaesyce*）、後者はトウダイグサ属（*Euphorbia*）である。トウダイグサ科のこの両属は、茎は這う、茎は直立するという特徴でラフに分類可能なようだ。因みに、ガラパゴスのトウダイグサ属はほとんどが園芸種である。

　CDF Checklist（2018）によるとトウダイグサ属は18種、ニシキソウ属6種がある。Flora Galapagos（1971）ではニシキソウ属は11種、トウダイグサ属は *E. equisetiformis* ただ1種であった。この種の標本（1967年3月採取）には、大きさをはじめ、諸データが記されていない。

　ダーウィン研究所の標本データベース（DB）によれば自生地はイサベラ島で、正基準標本がある。IUCNレッドリストでは絶滅危惧種であり、現在定期的に生育状況の確認が行われている。

　よく似た植物をサンクリストバル島で見かけた。これは *Alternanthera filifolia*（ツルノゲイトウの仲間）のようだ。Flora Galapagos（1971）、CDF Checklist（2018）の両文献に記載され、前者に「固有種でサンクリストバル島に限定と思われる」と記されていた。*filifolia* の亜種は7種あり、サンタクルス島、サンティアゴ島やフロレアーナ島でも見かけた。

シマニシキソウ　　　　　　　　　　　イリオモテニシキソウ

*Euphorbia equiseti-
formis*
Flora Galapagos (1971)
p.190

ショウジョウソウモドキ　　　図13　エクイセチフォルミス　*Alternanthera filifolia* ssp. *glaucens*

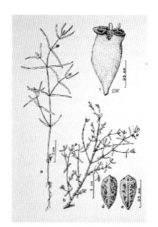

Euphorbia amplexicaulis

図14　ユーフォルビア　プンクチュラータ
Euphorbia punctulata　Flora Galapagos（1971）p.580図153を改変

　日本ガラパゴスの会発行の「ガラパゴス植物ガイド」には、ガラパゴスアンプレキシニシキソウ（*Chamaesyce amplexicaulis*）とガラパゴスプンクトニシキソウ（*C. punctulata*）が掲載され、トウダイグサ属、属の固有種は8種とある。引用文献は Flora Galapagos（1971）であるが、ここでは CDF Checklist（2018）の表記に従った。

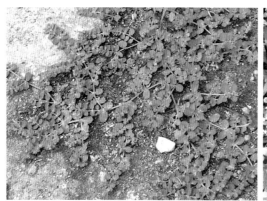

Chamaesyce sp.

コミカンソウ科 *Phyllanthus* sp.

　ニシキソウより小ぶりの株を見た。CDF Checklist（2018）によるニシキソウ属は6種ある。固有種 *C. galapageia*と *C. nummularia* 、シマニシキソウ、イリオモテニシキソウの4種を除いた *C. lasiocarpa* ,*C. ophthalmica* の後者だろうか。

　トウダイグサ科の分類において、トウダイグサ属は「葉：輪生、落葉、杯上花の腺細胞は5であり、ニシキソウ属は、葉は対生で広がり、多年性、胚状花腺細胞は4」で区別するとある。まだまだ不明が多い植物である。

　コミカンソウ科は形態が似るため、かつてはトウダイグサ科に分類されていたが、近年の分類体系では独立しコミカンソウ科とされている。

12 アラカルト

テーマでは括れない、しかし見逃すには惜しい植物を紹介する。自然が豊かな地ではなく、意外な場所に根付いている。さらに日本で見られる近縁種もあることに気付く。また、街中に設けられたネイティブガーデンで、固有種や在来種などを容易に見ることができる。

ニコチアーナ　*Nicotiana* sp.

フロレアーナ島で、町へ戻る道の中間地点で見つけた。派手な色合いでかなり目立つ。周辺には、この個体以外見当たらなかった。在来種（*N. glutinosa*）のほか逸出種（*N. tabacum*）もあり、写真だけでは判別できない。

街中の建築中断地に生育していたイチビは、ほかの場所には見当たらなかった。

Bastardia viscosa　イチビ

Heliotropium angiospermum　ヘリオトロープの仲間

Gonphena globosa　センニチコウの仲間

Eclipta prostrata　タカサブロウの仲間

Cyperus anderssonii
ガラパゴスカヤツリグサ
Cyperusは18種、うち固有種は3種である。

Rhynchospora sp. シラサギガヤツリの仲間

　写真はいずれも"ただシャッターを押した"だけで出来が悪く、掲出するのは憚られるようなものが多いが、こういう場所に生えているのかとか、見つけた時、探したい時に参考になったらいいと考える。

Melia azedarach センダン

Chloris sp. オヒゲシバ

Prosopis juliflora　プロソピス　ミモザの仲間
さやいんげんを大型にしたような実、ゾウガメが
食す（p.125）

Acacia macracantha アカシアボタン（スペイン名）
花を丸いボタンに見立てた

Anoda acerifolia　実がボタンのよう　　　*Macraea laricifolia*　固有種　キク科

　この地の植物は季節により見た目の違いが著しい。さらに写真図鑑は至上の作品であるので、実際の姿とはかけ離れている。あれこれ調べて名前が分かった時はこの上なくうれしい。

　ドワーフヒルガオはまさにそれであった。ドワーフ（dwarf）は"小さい"の意、ネイティブガーデン推奨種である。

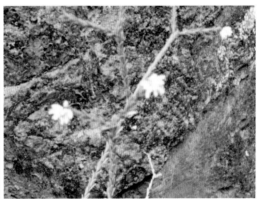

Evolvulus convolvuloides　ドワーフヒルガオ　　　*Polygala* sp.　ヒメハギの仲間　4種ある

Dioscorea bulbifera　ヤマノイモ属　10月初旬

11月中旬

アンデススギナ　*Equisetum bogotense*　胞子植物　　トウワタ科　*Sarcostemma angustissimum*　固有種

動物と写る植物

ウミイグアナ と ソナレシバ *Sporobolus* sp.
ソナレシバは4種あり、うち3種は在来種

サンタフェイグアナ と オヒシバ
Eleusine indica

アオアシカツオドリ と 右後方
　ガラパゴスミルスベリヒユ *Sesuvium edmonstonei*

ウミイグアナ と 海辺のヘリオトロープ
　別名サソリのしっぽ　*Heliotropium curassavicum*

13 逸出種

　導入種及び栽培種など、果樹や花木が野外に侵出している。これらは繁殖力が強く、本来の植生を破壊し、生物多様性を損なう。

(1)　アカキナノキ　*Cinchona pubescens*

　1959年海鷹丸の記録に「蚊や蠅は人間の居らぬ島なら居るまいと考えたが、蚊帳の目を潜って侵入してきた」とある。蚊が媒介するマラリアの対応として導入したが、時期は不明である（p.81）。伊藤秀三が調査を開始した70年代には、サンタクルス島の高地草原には樹林が全くなかったという。

アカキナノキ　サンタクルス島　中央部農地　　　ブラックベリー

(2)　ブラックベリー　*Rubus sp.*

　農民がジャムを作ろうとブラックベリーを導入したが、商品化に至らず事業は失敗に終わった。品種は6種に及ぶが、放置された植物は繁茂し農地や林地を侵蝕していった。スカレシア林の一斉更新時にブラックベリーがあると、林床が覆われスカレシアは発芽が出来ない。

　対策が取られ2008年には駆除は終了したが、その後息を吹き返した。2010年当時まだ群落はあったが、現在はブッシュ化し、丈は伸び幹も太くなり、少々の伐採では再び芽を吹く。根絶は人海戦術となる。地下茎から伸びてくる地上茎は白い。さらにフィンチが実を食べ、種をまく。

2010.10　サンタクルス島　農地　　ロスヘメロス　林内　　2011.4　セロメサ

2010.11　サンクリストバル島　ブラックベリー　　　　パッションフルーツ（緑の葉）がからんだミコニア

　パッションフルーツ（クダモノトケイソウ）はゾウガメが落果を食べて種子をばらまく。一度野外に侵出した外来種は、自然の中から排除することは到底できない。

(3)　エレファントグラス　*Pennisetum* 属

　熱帯アフリカ原産。牧草として導入されたイネ科チカラシバ属の多年草。繁殖力が旺盛である。3種の内1種は固有種である。

P. pauperum　固有種　　　　　　　　　　　枯れた竹垣のようでもまだ活着　*Pennisetum* sp.

(4)　カランコエ　*Kalanchoe* 属

　マダガスカル原産。サンタクルス島では内陸部農場や牧場を周回する道路わきに繁茂。高さ2mに及ぶ。フロレアーナ島では中腹から目立ち、山頂開発地区周辺に多い。4種あり、どの島でも私有地の境に植栽したと思われる。1959年当時、サンクリストバル島山中に生育していた、という小野の記録がある。

カランコエ　フロレアーナ島　　　　　　イサベラ島

(5)　ランタナ　*Lantana camara*

英名 Multi-colored Lantana（マルチカラード ランタナ）の名の通り、色鮮やかに道路脇を彩り、駆除対象である。悩ましいことに固有種 *Lantana peduncularis*（白花）がある。

外来種　　　　　　　　　　　　　　　　　固有種

(6)　ニチニチソウ　*Catharanthus roseus*

マダガスカル原産で観賞用に改良されたものが多く、草丈だけでも矮性、立ち性、這い性とあり変化が大きい。管理が簡単なため街中に植栽が多く、逸出を恐れて駆除対象になっている模様。山中で本種の白花を見つけた。ランタナ同様固有種かと思われたが、記載はない。

14 日本でも観察できる同種植物

（1） アザミゲシ　*Argemone mexicana*

　日本では、「アザミのような葉、ケシに似た花」に基づき和名が付き、園芸種として普及している。今回見つけた所は海岸に近く道路脇であったため、ガラパゴスでも今後増殖が懸念される外来種と思い込んでしまった。海鷹丸調査時（1959）、サンクリストバル島内陸で、小野の「アザミのような葉、黄色い花」という記録があり、これも本種と判断した。

　アザミゲシ属は、現在南北アメリカとハワイに32種の記録がある。Flora Galapagos（1971）における調査当時、「ガラパゴスにおけるアザミゲシ属の初の記録である」と特記している。

図15　アザミゲシ
Flora Galapagos（1971）p.718より

（2）　ベニカスミの仲間　*Boehavia* sp.

　2000年に筆者は、ある自治体の自然環境調査に参加した。その際に見聞きしたことである。

　流域人口が多い都市河川に設置された調節池の斜面に花壇を作るため、人工土壌として南アジア産のヤシ殻やその繊維をネットで包み枕状にしたものを敷き詰めたところ、1999年から数年にわたって、熱帯から亜熱帯性の植物が数十種類芽を出した。その中にベニカスミ（*Boehavia diffusa*）があった。写真右はネイティブガーデンの植栽奨励種で同じ仲間である。

ベニカスミ　*B. coccinea*　　　　　　　　植栽されたベニカスミ　*B. erecta*

CDF Checklist（2018）によると *B. coccinea* と *B. erecta* の２種があり、ガラパゴス諸島に広く分布している。

(3)　ナンバンアカバナアズキ　*Macroptilium lathyroides*

Flora Galapagos（1971）には *Phaseolus lathyroides* として掲載され、同種異名である。当時はサンクリストバル島とフロレアーナ島に記録があり、現在生息分布拡大中である。

花と実（ISA）

(4)　シダ植物　ヒカゲノカズラ属　*Lycopodium*

● *L. cernuum*
ミズスギ
■ *L. clavatum*
ヒカゲノカズラ
▲ *L. dichotomum*
◆ *L. passerinoides*

Flora Galapagos
（1971）p.76より

茎は長く伸び匍匐、日を好む。杉の葉に似る　図16　ヒカゲノカズラ属諸島内分布

以上（１）〜（４）は、1971年以前から自生しているものである。

(5)　アサヒカズラとルリアザミ

両種ともFlora Galapagos（1971）に記録はない。アサヒカズラはフロレアーナ島とサンタクルス島の人家の塀を覆っていた。入植の際に持ち込まれたものと思われる。

ルリアザミを見た所は意外な場所であった。サンクリストバル島ではミコニアの生息地入り口周辺の下草として混在し、在来種を思わせた。サンタクルス島では廃棄物処理センターの入り口から現場に至る通路の脇にあった。

アサヒカズラ　*Antigonon leptopus*　　　　　ルリアザミ　*Centratherum puntctatum*

【余聞 ①】アメリカゾウゲヤシ　*Phytelephas aequatorialis*　（Ivory Palm）

　本土の西部地域に自生する「ゾウゲヤシ」、現地名は「タグア Tagua」で15 mほどになる。完熟した種子の中身が象牙のように乳白色で硬いため、ボタンや装飾品として使われた。

　日本では第二次世界大戦前、奈良・和歌山県を中心に数百軒の工場がタグアのボタンを生産していたという。タグアの輸入が出来なくなり貝や木のボタンに代わり、さらに時代の流れでプラスチックにとって代わってしまった。

　エクアドル本土では1990年代「タグア・イニシアティブ」なるプロジェクトが発足、熱帯雨林地域の住民に雇用と収入をもたらし、生態系を守る取り組みとなっている。

　首都キト（本土）の商店街にゾウゲヤシの果実を見つけた。種子がぎっしり詰まっていた。ガラパゴスでは導入種として、お土産や装飾品用に栽培が始まり、加工されたものが店頭に並ぶようになった。

　素晴らしい細工のアオアシカツオドリを手に入れた。ところがゾウムシの食害にあった。細工が精巧な分、虫は侵入しやすかったようである。殺虫スプレーでは退治できずナフタリンを入れて密閉し駆除に成功した。現在も年に一度の手入れは欠かせない。

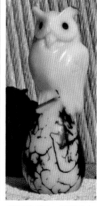

ゾウゲヤシの実　　　　　　　　　　ゾウゲヤシの細工物　　　　　ガラパゴスコミミズク
　　　　　　　　　　　　　　　　　アオアシカツオドリ

【余聞 ②】 ダーウィンと食虫植物

　我が家の書棚には『Origin of Species（種の起源）』と『Insectivorous Plants（食虫植物）』の2冊のダーウィン著作本がある。後者の上梓は1875年、ダーウィンは66才であった。因みに第一章は「1860年夏、たくさんの虫がモウセンゴケに捕えられていて驚いた」という記述に始まる。友人への手紙に「世界中のあらゆる種の起源よりも、モウセンゴケのほうに興味を引かれている」としたため、モウセンゴケを用いて様々な実験を行った。その他、食虫植物仲間として、ディオネア（ハエトリグサ）、ムジナモ、ムシトリスミレやタヌキモ、ミミカキグサなどが紹介されている。

　プラントハンターが活躍した時代であり、イギリスでは世界各地の珍しい植物が当時すでに栽培され、研究されていたことが分かる。

モウセンゴケ　　　　　ディオネア（ハエトリグサ）　タヌキモ　　　　　　　ミミカキグサ（花）
（群馬県・地蔵岳）

ダーウィンの部屋

　群馬県自然史博物館（富岡市）の常設展示にある「ダーウィンの部屋」では、ダーウィンが中央のテーブルで調べものをし、左後ろには「ナマケモノ」がいる。

　2008年国立科学博物館の「ダーウィン展」にも「ダーウィンの部屋」は設けられていたが、ダーウィンは不在であった。

第三章
ガラパゴスの動物

　本章にはガラパゴス定番の動物たちが登場する。ゾウガメとリクイグアナについては第二章で一部
紹介済みである。

© KAORUKO.KURATA

主な文献（参考文献の一部）

・Miralles A. et al.（2017）. Shedding light on the Imps of Darkness : An integrative taxonomic re-
vision of the Galapagos marine iguanas（Genus *Amblyrhynchus*）. Zoological Journal of the Lin-
nean Society, 181, p.678〜710. Oxford Academic（oup.com）/

・Uetz, P. et al. https://reptile-database.rept:rum.cz

・Jimenez-Uzcategui, G. et al.（2017）. CDF Checklist of Galapagos Reptiles. Charles Darwin Foun-
dation

・Gibbs, J. P, et al.（2020）. GALAPAGOS GIANT TORTOISES. Academic Press.

・Wikelski, M. & K. Nelson（2004）. Conservation of Galapagos Marine Iguanas. IGUANA Vol. 11.
No. 4 . p.190〜197, Journal of the IGUANA Sci.

・安川雄一郎（2006）.「ゾウガメと呼ばれるリクガメ類の分類と自然史」（前編）（後編）CiNii 論文 クリー
パー，No. 32. p.12〜24，No. 33. p.22〜48，クリーパー社（東京）

・安川雄一郎（2012）.「旧リクガメ属の分類と自然史」(3) CiNii 論文 クリーパー, No. 61. p. 32〜37, クリーパー
社（東京）

1 ガラパゴスゾウガメ　*Chelonoidis* 属

(1)　ガラパゴスゾウガメの分類

　2020年11月、「GALAPAGOS GIANT TORTOISES」がAcademic Press から出版された。James P. Gibbs, Linda J. Cayot, Washington Tapia Aguilera の３人の編者による調査報告の集大成であり、待望の書である。ガラパゴス国立公園管理局長のDanny Rueda Cordova 氏が緒言を寄せている。ゾウガメにとって災厄ともいえる歴史のほか、行動記録の詳細や、種ごとの生息数の記録は貴重であり、保全に関する課題を解決するために実施した実務は、ケーススタディとして詳細な記録がある。

　ガラパゴスゾウガメはガラパゴスにおいて最大の動物である。島ごとの変異が知られることで、種の研究が進み、保全体制が整っていった。

　フロレアーナ島とサンタフェ島の２種のゾウガメは絶滅が同時期（1800年代半ば）である。前者には *Testudo elephantopus galapagoensis*（1955）、*Geochelone nigra galapagoensis*（1994）、*Chelonoidis nigra galapagoensis*（2002）のような代表種を表す種小名 'galapagoensis' がつけられている。

　サンタフェのゾウガメ（*Chelonoidis* sp.）は、1905〜6年、カリフォルニア科学アカデミー学術調査隊により14体の頭部を含む遺骸や卵などが発見、報告されたが、正式に命名されなかった。残念なことにフロレアーナ種やピンタ種とは異なり、サンタフェ種には野生での雑種は存在しない。

　2022年３月、本書校正時に「サンクリストバル島の *C. chathamensis* はすでに絶滅しており、現存するゾウガメはこれとは別種で新たに学名を付与」という報告がもたらされた（詳細は P.126）。

　下記はこの報告以前のもので、表中の *C. chathamensis* の生息数は未記載種のものである。

表12　ガラパゴスゾウガメ 一覧（アルファベット順）

種　名	生息数 1*	生息数 2**	島名・火山名
C. abingdonii	0	1	ピンタ島
C. becki	8,823	1,139	イサベラ島　ウォルフ火山
C. chathamensis	6,700	1,824	サンクリストバル島
C. darwini	1,165	1,165	サンティアゴ島
C. donfaustoi	427	–	サンタクルス島
C. duncanensis	486	532	ピンソン島
C. guntheri	572	694	イサベラ島　シエラネグラ火山
C. hoodensis	2,353	860	エスパニューラ島
C. microphyes	1,825	818	イサベラ島　ダーウィン火山
C. niger	0	0	フロレアーナ島
C. phantasticus	>1?	0	フェルナンディナ島
C. porteri	4,620	3,391	サンタクルス島
C. vandenburghi	4,940	6,320	イサベラ島アルセド火山
C. vicina	2,574	2,574	イサベラ島セロアスール火山
C. sp	–	–	サンタフェ島

生息数 1*：GALAPAGOS GIANT TORTOISES（2020）. p. 6　2017〜2019年調査
生息数 2**：ガラパゴスのふしぎ（2009）. p.108 より（2002発行のデータから）

生息数の増減に関し減少している種はピンソン島 *C. duncanensis*, イサベラ島シエラネグラ火山 *C. guntheri*、アルセド火山 *C. vandenburghi* である。サンティアゴ島 *C. darwini*, イサベラ島セロアスール火山 *C.vicina* は増減がなく、幼体が育っていないと懸念される。

右はゾウガメ甲羅が図柄のTシャツから作図、学名は *Geochelone elephantopus* となっている。

7は化石。ISAセロアスールからの移入（*C. vicina*）

図中、12の甲羅はSCB絶滅種の形状

C. donfaustoi（SCZ, ●）は2015年、新種記載のため、図柄には登場しない。

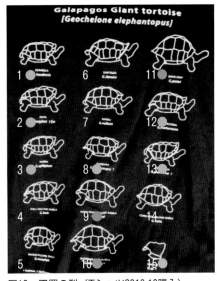

図16　甲羅の型（Tシャツ2010.10購入）
◍：鞍型　●：ドーム型　無印：中間型

表13　生息地と甲羅の型　　　　　注）ISAはイサベラ島で、続く名は火山名である

	学　名	生息地			和　名
1	*C. hoodensis*	エスパニョーラ	◍	CR	フーデンシス
2	*C. abingdoni*	ピンタ	◍	EX	アビンドニイ
3	*C. duncanensis*	ピンソン	◍	－	ダンカンエンシス
4	*C. becki*	ISA・ウォルフ			ベック
5	*C. microphyes*	ISA・ダーウィン		－	ミクロフィス
6	*C. darwini*	サンティアゴ		CR	ダーウィニー
7	－	ラビダ（移入）			－
8	*C. niger*	フロレアーナ	◍	EX	ニゲール
9	*C. guentheri*	ISA・シエラネグラ	●	CR	ギュンター
10	*C. vandenburghi*	ISA・アルセド	●	－	バンデンブルグ
11	*C. porteri*	サンタクルス	●	CR	ポーティリ
12	*C. chathamensis*	サンクリストバル	◍	EX	チャタメンシス
13	*C. phantasticus*	フェルナンディナ（再発見）	◍	CR	ファンタスティカス
14	*C. vicina*	ISA・セロアスール		－	ビシナ
15	*C. sp.*	サンタフェ	◍	EX	－

12はサンクリストバル島の絶滅種とされるため本表ではEXとした（現存種は2022.3現在で未記載）

IUCN（国際自然保護連合）地球規模で自然資源と環境の保全を図るために活動する国際団体
絶滅種　EX：Extinction 絶滅／EW：Extinction in the wild 野生絶滅
絶滅危惧種　CR：Critically Endangered 深刻な危機／EN：Endangered 危機／VU：Vulnerable 危急

C. donfaustoi　2015年新種記載　　　　　　草を刈ったような採餌の跡

(2)　ゾウガメは何を食べているか

「GALAPAGOS GIANT TORTOISES」11章には、「食物、動作と行動の形」としてフィールドワークの詳細な記録がある。ゾウガメの摂餌に興味を覚え、同書 p. 226〜237のデータを解析してみた。

　調査対象のゾウガメは9種（アナログ種重複 p.126）で、鞍型5、中間型1、ドーム型3である。食草は54科 157属 220種に及んだ。内訳は自生種：159（内シダ類2）導入種：58、不明：3（内シダ類2）であった。

表14　摂餌分析

区　　分		在来種	導入種	不明	ウチワサボテン	甲羅の型
C. hoodensis	エスパニョーラ島	38	7		O. echios	鞍型
C. hoodensis	（サンタフェ島）	22	2		O. echios	上記アナログ種
C. duncanensis	ピンソン島	33	2		O. galapageia	鞍型
C. chathamensis	サンクリストバル島	18	2			鞍型
C. phantasticus	フェルナンディナ島	4	3		O. insularis	鞍型
C. darwini	サンティアゴ島	56	16		O. galapageia	中間型
C. vandenburghi	ISA アルセド火山	28	21			ドーム型
C. porteri	サンタクルス島	67	25	2	O. galapageia	ドーム型
C. donfaustoi	サンタクルス島	33	20	1	O. echios	ドーム型
C. hybrids		28	5		O. insularis	鞍型
計		159	58	3		

※エスパニョーラの合計は集計したものと合わない（－5）
C. porteri　サンタクルス島のウチワサボテンはエキオス種のギガンテアか誤記であろうか。
サンクリストバル島は現存種。

　サンタクルス島のウチワサボテン自生種は O. echios の var. echios と var. gigantea（p.68 表9の1と3）である。

　摂取量には触れられていない。注目はウチワサボテン（p.67〜72）で、どれも高木種である。サンタクルス島の2種はドーム型であるので、幼株か落果を食べていると思われる。

　C. porteri は他種と比べて驚くほど摂食種数が多い。同じ島の C. donfaustoiと較べ1.7倍にもなる。食草は固有種だけでもランタナ（p.115）、ガラパゴスコットン（p.64, 84〜85）、チランドシア（p.94〜95）、トケイソウ（p.96〜97）、ホオズキ（p.103）、ヘリオトロープ（p.109, 112）、ドワーフヒ

ルガオ（p.111）などのほか、導入種も同じく多種にわたる。*C. donfaustoi*と共通するものはスカレシア ペデュンキュラータ（p.77）、オオバコ（p.102）、導入種ガラパゴスゴーヤ（p.97）、イヌホオズキ（p.103）などで、草本がほとんどである。*C. donfaustoi* は農地侵入した模様で、セロリが挙がっていた。

　これに対し極端に摂餌種数が少ないサンクリストバル島の現存種は摂餌18種の内、ポイズンアップル（p.125）、マタサルノ（p.94）、ザンソキシラム（p.95）など在来種の木本が11種に及ぶ。

　フェルナンディナ島の生存確認は現在1頭であるが、各所でフンなどが見つかっており、データではウチワサボテン、インクベリー（p.25）以外は草本で、メヒシバ、ボエハビア（p.116）、スベリヒユ（p.106）、ハゼラン、ドワーフヒルガオ（p.111）がすべてである。植物分布はゾウガメ捜索の手掛かりとなる。

　C. hybrids（交雑種）はウチワサボテン *O. insularis*（p. 72）を食しているところから、イサベラ島・ウォルフ火山周辺に生息する、フロレアーナ島 *C. niger*の系統と思われる。低地の草本、ミルスベリヒユ（p.105）、イポメアとメレミア（p.100）のつる植物や灌木プロソピス（p.110）、高地ではフォラデンドロンとクロトン（p.87）─ヤドリギと宿主のセット─ など33種でバラエティに富んでいる。

　居住する島の植生はもとより、甲羅の形態の違いもまた、摂餌に関わっていることが分かる。

チョウセンアサガオ属 *Datura stramonium*

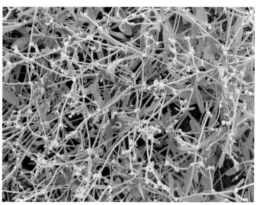
ツルノゲイトウ　*Alternanthera echinocephala*

センナ　*Sennna* sp. 10種のうち3種が固有種

ポイズンアップル　*Hippomane mancinella*

ポイズンアップル（マンチニール）は小さなリンゴのような実をつける。ゾウガメの大好物らしい。

しかし、人間には危険な植物で、フィールドでは必ず注意がある。触れるだけでなく葉から滴り落ちた雨のしずくでさえ体にかかると炎症を起こす。果実はもちろん食べてはいけない。

　先ずは「草食動物は植物を食べる」ことから集計を試みたが、他の話題として13章にはMovement Ecology：雌雄、成体、若い個体の別、雨季、乾季などの季節変動や朝から夜に亘り時間帯による行動が突き止められており、興味深かった。この調査にはグローバル ポジショニング システム（GPS）が使われた。ダーウィンを曾祖父とするRandall Keynes（1948〜）が、ダーウィンが名著執筆中に生きて移動していた可能性のあるオスから記録を取ったという記述もある。

　15章にはゾウガメのフンの解析がある。ゾウガメは種子拡散に役に立つ。ピンタ島でロンサムジョージが保護された時の写真では、ヤギの食害により島の植生はほとんどなくなり、まるで皆伐の現場のようであった。草食動物のゾウガメがいなくなることで、植物種もまた消滅する危険性もあることから、自然界での発芽確認のみならず、ダーウィン研究所の植物部門研究者たちも圃場で発芽実験に取り組み、研究は多岐に亘っている。

　ゾウガメによる種子散布からの植生回復に期待し、ピンタ島にゾウガメが配置された（p.188〜189）。また1800年代半ばにサンタフェ島のゾウガメは絶滅してしまったが、この地にはエスパニョーラゾウガメ（*Chelonoidis hoodensis*）が2015年に201頭（4〜10才）、2021年 191頭（5〜7才）放たれている。生態学的に認められた代替種―遺伝的に似たアナログ種（相似体）の導入によるものである。

（3）　日本語で読むリクガメ論文

　日本語で書かれた論文を求め、安川雄一郎「ゾウガメと呼ばれるリクガメ類の分類と自然史（前編・後編）（2006）」にたどりついた。安川はカメ研究の第一人者であり、またIUCNのSSC（Species Survival Commission）、Tortoise and Freshwater Turtle Specialist Group のメンバーでもある。

　2022年3月、サンクリストバル島のゾウガメの「現存種は新種」（p.75 写真参照）という報告に先駆け、CREEPER No.33（2006）p.43に安川は下記の論考を記している。「博物館のサンプルから特定されたガラパゴスの巨大なカメの新しい系統」という今回の論文の主旨と違うものではない。

【もともとこの学名で記載された種は、島の中央部と南西部の標高が高くやや湿った環境に生息し、中間型で幅が広く平らな甲をもつ小型のゾウガメであったが、現在サンクリストバル島に見られるゾウガメは北東部の乾燥した低地のみに生息し、同じく小型だが、鞍型でかなり低く扁平な甲をもつゾウガメである。前者は採集が容易な場所に生息していたため、19世紀半ば以降捕鯨船の乗組員に最も大量に採取され、さらにその後生息地に多数の入植があり（サンクリストバル南西部には諸島で第二の町、プエルトバケリソモレノや空港がある）、生息環境が悪化した。この個体群は20世紀初めには絶滅寸前となり、1933年におそらく最後の一個体が殺された。一方、アクセスの困難な場所に生息していた北東部の個体群は、おそらく未記載の独立種で、1974年の調査では500〜700個体が生き延びていた。一時期はノイヌと野生化したロバの増加により幼体が育たない危機的な状況にあったが、外来動物の駆除と卵や幼体の保護策が効果を上げ、個体数は現在1000個体前後まで増加し、諸島内で最も個体群状態の良いゾウガメとして、IUCNのレッドリストでは絶滅危惧Ⅱ類とされている。】

この後の論文は2011年に「旧リクガメ属の分類と自然史　1 ～ 3 」がある。アルダブラゾウガメと
ガラパゴスゾウガメはこれまでの分類から大きな変更はなく、簡単なリストと新知見が列記された。

　新知見とはイサベラ島ウォルフ火山において、生息する *C. becki* と絶滅とされたフロレアーナ島
の *C. niger* の系統を受け継ぐ交雑個体が多数発見され、中には *C. niger* そのものと推測されるもの
もいたというものである。

　このことに関連しての記述では、イサベラ島のゾウガメは火山ごとに別種とされ5種が数えられて
いる。*C. becki* を除く4種のうち、一番記載が古いのはセロアスール火山の *C. vicina* ビシナである。
シエラネグラの *C. guntheri* ギュンターはセロアスール火山の *C. vicina* と非常に近縁であるという。
また、ダーウィン火山の *C. microphys* ウスカワ、アルセド火山の *C. vandenburghi* バンデンブルグ
は *C. vicina* の亜種とするのが妥当とあった。

　なお、ピンタ島種の雑種について2007年に一頭確認されているが、その後の新たな発見はなく、安
川は一切触れていない。「GALAPAGOS GIANT TORTOISES」にも記述はなく、いずれにしても種
数の修正は慎重に、時間を掛けて検討されるのだろう。

(4)　種の保全

　大航海時代以降、新鮮な肉やカメ油採取など海賊、捕鯨者、入植者による乱獲にさらされる不幸な
時期があり、また放したヤギが、どの島でも増え続けゾウガメの生存を脅かした事実もある。ロンサ
ムジョージが命を終え、ピンタゾウガメ（*C. abingdonii*）という種が「絶滅」したことは記憶に新し
い。様々な取り組みにより、種の保全をしようという研究が進められてきている。

①　ブリーディングセンター

　サンタクルス島、サンクリストバル島、イサベラ島にブリーディングセンターが設置され、種の保
全が図られている。イサベラ島シエラネグラ火山噴火により一時退避させている群れがフロレアーナ
島にいるほか、イサベラ島の民間施設にも預けられている。

ダーウィン研究所　エスパニョーラ島　'09年生まれ

甲羅にナンバー　右54　色は雌雄別か

サンクリストバル島 稼働中の孵卵器 最上段に卵　　　'09年生まれ

解説板：自然の暮らしはハード"天敵"について　　　フロレアーナ島　飼育場

イサベラ島：展示館　　　飼育場（幼体）　　　　　　ソーラーパネルメーター

②　外敵となる動物対策

　イヌやネコなどペットの野生化はゾウガメやイグアナにとって脅威である。ガラパゴスでは飼育に責任をと、届出とマイクロチップ装着が義務付けられている。ペットとの接触には節度が求められる。

　イサベラ島の夕方の広場は、犬の散歩の人たちの社交場で、犬種はさまざまであった。老犬が日中鳴きながら徘徊していたが、誰も気に留めていない。飼い主が分かっているためだろう。

　日本でのマイクロチップ実施例は特定動物（トラ、タカ、ワニ、マムシなど哺乳類、鳥類、は虫類の約650種）や特定外来生物を飼育する場合義務づけられている。イヌ、ネコなどのペットにも個体識別のため利用されるが、普及率は極めて低いため、装着義務化が進められている。

日本で、脱走し路上で警察に保護された1.5ｍもの大きなグリーンイグアナが、チップ確認のためペットクリニックに来ていた。法制施行前（2006年）の個体らしくチップはなかった。

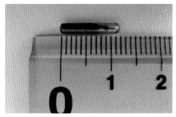

環境省HPより　マイクロチップ（直径２mm長さ8～12mm）　　ライフチップ実施病院（獣医師会加盟）

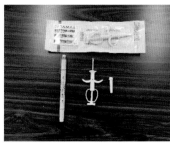

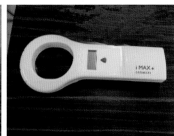

埋め込みキット　　　　　バーコード読み取り機　　　　獣医師会届出書類

2 リクイグアナ　Conolophus

ガラパゴスには３種のリクイグアナがいる。

表15　リクイグアナ一覧

種名	和名	生息地
1. *C. subcristatus*	ガラパゴスリクイグアナ	サンタクルス島・サウスプラザ島・フェルナンディナ島 イサベラ島・バルトラ島・ノースセイモア島 （絶滅）サンティアゴ島・ラビダ島
2. *C. pallidus*	サンタフェリクイグアナ	サンタフェ島
3. *C. marthae*	ピンクイグアナ	イサベラ島 ウォルフ火山・フェルナンディナ島

(1)　ガラパゴスリクイグアナ

ガラパゴス諸島のうち東部に位置するサンクリストバル島やエスパニョーラ島には見られず、中央部から西部のサウスプラザ島など6島に生息する。ゾウガメに次ぐ大型動物である。

ノースセイモア島には、背の低いウチワサボテン（*O. echios* var. *zacana*）が自生する。しかし、リクイグアナもいる。捕食者がいるのになぜ低いサボテンがあるのか、その理由は以下の通りである。

南側のバルトラ島（サウスセイモア島）とモスケラ島をはさみ陸続きのようなノースセイモア島において、南北の島とも同じ生態系でよいはずなのに、ノースセイモア島にリクイグアナがいないのはなぜかと不思議に思った科学者が1930年代に70頭をバルトラ島から移動させた。その後、バルトラ島では第二次世界大戦時に米軍基地になった経緯もあり、リクイグアナは絶滅してしまった。

　ダーウィン研究所（CDF）の研究者は、ノースセイモア島において20頭ほど確認したが、若い個体は育っていなかった。絶滅を危惧し1981年数頭をCDFに連れ帰り、人工飼育・人工繁殖に取り組んだ。1991年、人工繁殖により生まれた35頭のリクイグアナを、初めてバルトラ島に戻した。2008年４月までに累計420頭のリクイグアナを放ち、プログラムを終えた。

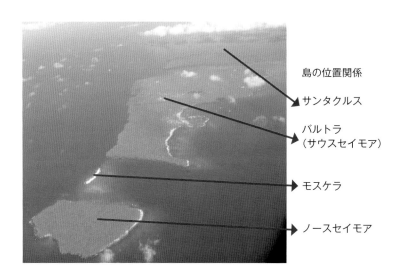

島の位置関係

サンタクルス

バルトラ
（サウスセイモア）

モスケラ

ノースセイモア

　ノースセイモア島の生息数は、国立公園管理局によると 2014. 8. 4 現在 2.483 頭を数える。研究所の見学路にはこのプログラムの解説があり、親個体が飼育されている。

Saving Endangerd Land Iguanas 解説版

飼育場のようす

ダーウィン研究所の親個体

生息地のリクイグアナ

リクイグアナのフン3個

　バルトラ島でリクイグアナに遭遇したのは、クルーズの下船地（島の西側・旅客桟橋）からバスで空港まで移動した時であった。車窓からあわてて岩陰に隠れる個体を見つけたが、カメラは間に合わなかった。ウミイグアナさ、という声も車内から上がったが、採餌後は泰然と岩場で過ごすウミイグアナが走って逃げるはずがない。どこのリクイグアナも、人が近寄っても平然としていた。この個体は用心深い性格だったのだろう。

(2)　サンタフェリクイグアナ

　サンタフェ島はウチワサボテンが、なだらかな稜線に連なって生えている。島の標高は259mである。この島には固有種サンタフェリクイグアナが生息する。

　国立公園の規定により、動物には2m以内に近付くのは禁止事項である。サボテンの果実を食べようと順路に出てきた時は、人の方がためらい、居合わせたツアー客は棒立ちになった。おじけないばかりか顔もしぐさも愛らしい。ラッキーなことに幼体にも出会えた。

(3) ピンクイグアナ

　生育地の一つ、イサベラ島ウォルフ火山一帯は、活火山のため立ち入り禁止区域である。

　2016年にピンクイグアナ探索の番組がTVで放映された。道中には背の高いウチワサボテンの姿を確認できた。もう一カ所の生息地、フェルナンディナ島のエリアにも立ち入ることはできない。どちらも立入りが許されるのは原則研究者のみである。生息地が噴火により、ピンクイグアナの存在が危ぶまれる場合には、PNGやCDRSにより保護され、施設で目にすることが可能になると思われる。

　2021年8月、イサベラ島ウォルフ火山頂上付近で調査が行われ、この地での生息数を211と推測、今後の保全計画が策定された。

3 ウミイグアナ　*Amblyrhynchus cristatus*

　よく考えるとガラパゴはゾウガメの意味であり、国立公園のマークも、ダーウィン研究所のマークもゾウガメである。しかし代表格の動物といったら「ウミイグアナ」ではあるまいか。

　進化の権化はウミイグアナ！　その理由はトカゲの仲間でただ一種、水に潜るからだ。浜を歩けば、ごろごろいる。重なりあって群れている。海に潜って海藻を食らい、おなかがくちたら陸に上がる。道を横切るときは「右を見て、左を見て」こそしないが、注意深く車や人の気配をうかがい、向こう側に渡っていく。日向ぼっこをして体を温め、時々くしゃみしては塩分を飛ばす。

　ガラパゴス紹介でおなじみのBBCフィルムは、体色が黒く大きな個体をたくさん、しかも延々と映し出す。映像は素晴らしいのだが、そのせいかウミイグアナといったら「ああ、あれね」と、いかにもガラパゴスのすべてを知っているかのように反応する人が大勢いる。実際は単一ではなく、体色はじめ、しぐさも表情もさまざまで、観察は楽しい。

　ウミイグアナは1825年、Thomas Bell（1792～1880）により*Amblyrhynchus cristatus*（トサカのあるイグアナ）と命名された。ダーウィン来島より10年前のことである。ダーウィンはウミイグアナを「暗闇の小鬼— I call them 'imps of darkness'」と呼ぶほど嫌っていたようである。

　「ウミイグアナ」と一括りにされていたが、後に島ごとの差異が認識され、現在11亜種に分類される。

表16　ウミイグアナ亜種一覧

亜種名	命名者	記載年	和　名	生息地
1．*A. c. cristatus*	Bell	1825	フェルナンディナウミイグアナ	FER, ISA
2．*A. c. nanus*	Garman	1892	ヘノベサウミイグアナ	GEN
3．*A. c. venustissimus*	Eibl	1956	エスパニョーラウミイグアナ	ESP, FLO
4．*A. c. hassi*	Eibl	1962	サンタクルスウミイグアナ	SCZ
5．*A. c. mertensi*	Eibl	1962	サンクリストバルウミイグアナ	SCB
6．*A. c. sielmanni*	Eibl	1962	ピンタウミイグアナ	PIT
7．*A. c. hayampi*	Miralles *et al.*	2017		MAR
8．*A. c. jeffreysi*	Miralles *et al.*	2017		WOL, DAR
9．*A. c. godzilla*	Miralles *et al.*	2017	ゴジラウミイグアナ	SCB 北部
10．*A. c. trillmichi*	Miralles *et al.*	2017		SFE
11．*A. c. wikelskii*	Miralles *et al.*	2017		SAN

　3〜6の命名者Eiblは動物行動学者 Irenaus Eibl-Eibesfeldt（1928〜2018 仏）である

　2017年に命名された5亜種（7〜11）の命名者は　Miralles（パリ自然史博物館）を筆頭に以下、Macleod, Rodriguez, Ibanes, Jimenez-Uzcategui, Quezada, Vences , Steinfartz（リーダー／ドイツ・ブラウンシュヴァイク工科大学）の8名、ヨーロッパとラテンアメリカ各国の科学者たちである。

　新亜種5種のうちゴジラウミイグアナ以外に和名はない。ゴジラウミイグアナは、1954年の映画『ゴジラ（田中友幸）』の虚構の怪物「ゴジラそのもの」という印象による、と命名者はコメントしている。

　IUCNレッドデータに付随する資料によると、どのウミイグアナも平均寿命はメスが5年、オスは12年程度と記されている。ほかの資料には30年とあるが、最近はエルニーニョが激しく、しかも頻繁に起きているための考察であろうか。寿命30年でもリクイグアナと比べると、半分の年数である。

　一般的にウミイグアナは絶対数が多いものと認識されている。2003年のデータでは、およそ70万頭という。しかしエルニーニョや海洋汚染など環境における影響は甚だしく、保全に関して少しの油断も許されない状況にある。命を海に託す生活で、食物は p.59 にもあるように紅藻と褐藻などである。海藻が生存を左右する。海に長く潜って採餌できるのは、体の大きなオスの成体だけという。

　体について少々説明する。写真はサンクリストバル島で撮影したものである。頭頂部周辺に「螺髪」を思わせる突起がある。螺髪とは恐れ多いが、バンレイシ（*Annona squamosa*）という植物の果実の別名が「釈迦頭」であるから許容範囲であろう。頭の後部の突起はクレストといい、これをトサカと見做して種小名が付いた。背中にも櫛状に続く。部位により長さが異なり、当初の紐状からビーズ状、棘状と、成長に伴い伸長する（p.190〜193）。砂浜にいる姿からは想像できないが、腹部は白い（次頁右写真）。

（1）　フェルナンディナウミイグアナ　*Amblyrhynchus cristatus* ssp. *cristatus*

　最初に命名されたウミイグアナである。p.190で触れる「首から背の突起（クレスト）」を特徴と捉え、種小名 *cristatus* とした。「とさかのあるウミイグアナ」という意味である。命名者は英国の動物学者 Thomas Bell（1792〜1880）で、『ビーグル号航海の動物学』の爬虫類の同定も担当した。

　フェルナンディナウミイグアナは諸島内で一番若い島周辺に生息する。どれも大きい個体が多く、海域の豊かさを感じさせられる。その数と大きさは圧巻であった。

　イサベラ島の亜種は当初 *A. cristatus albemarlensis*（イサベラウミイグアナ）であったが、現在は本種の若い個体（junior）とされている。

　サンタクルス島から出て初めての島外調査でイサベラ島に赴く。最終日、遅めに宿を出ると思いがけないシーンに出会った。ウミイグアナが道路を渡り、国立公園に向かっている。海での採餌後、日向ぼっこへ向かう道中であった。ウミイグアナの生態も高級ホテルの名前も、渡渉がすべての「解」であった。

ホテルのエンブレム：
尻尾と足の跡（波に千鳥に見えた）

朝８時ごろ　３頭が右手海から国立公園内へ移動中　　渡り終えた

ウミイグアナの泳法は？

営巣地　　2011.6　　　　　　　　　ウミイグアナ幼体

イサベラ島の属島では、ウミイグアナの営巣地を周回できる。この浜周辺では幼体を数多く見かけた。昨年かあるいは当年生まれの幼体だろうか、時々頭を下げるしぐさをし、空を窺うので視線の先をたどると、グンカンドリが上空を舞っていた。幼くても危険察知能力は万全、それでいて人を恐れる気配はなく、警戒すべき対象をしっかり把握しているようだ。

体に柄があり、体表はなめらかに見えた。もし許されるのなら触れてみたいものだ。成体と思われる個体がアシカのフンを食べ始めた。時間が経過して水分は蒸発し、白くなっている。フロレアーナ島でも同じ光景を見た。微量元素が含まれており、必然的に摂食しているに違いない。

ウミイグアナが歩いた痕跡は、砂浜に尻尾を引きずった線で示される。周囲に巣穴や萎えた卵を見つけたが、これらは大きさからヨウガントカゲのものと思われる。

（2） ヘノベサウミイグアナ *Amblyrhynchus cristatus* ssp. *nanus*

1892年 Garmanにより命名された。種小名の *nanus* は「小さい」の意で、命名の通り成体でも体が特に小さいようである。ラッキーなことにエコツアーでヘノベサ島に上陸できた。島は面積14k㎡　標高76mで上陸サイトは2カ所ある。

ビジターサイトの崖を上りきった溶岩台地は、溶岩チューブやホルニト（円錐形の噴気孔）などが連続していて足元はかなり不安定で、強風のためか木々の樹高は低い。窪みにヘノベサウミイグアナを見つけたが、別の窪みのコミミズクと大きさは大して変わらないように見えた。これで成体ならば、ナヌス「*nanus*」という亜種名に納得がいく。ただ小型の理由は、周辺海域のエサが十分でなく育たないという見解もあるようだ。

ホルニト（噴気孔）内外の2頭

幼体にエサを十分与える実験をすることなく、DNA解析により独立した亜種と結論が出た。現在生息数は減少傾向らしい。

ダーウィン湾岩礁部

(3)　エスパニョーラウミイグアナ　*Amblyrhynchus cristatus* ssp. *venustissimus*

　種小名 *venustissimus* は美しいという意味である。より美しいものはクリスマス・カラーと呼ばれるという。フラミンゴの羽色と同じように、採餌するエサにより体色が生ずると思っていたが、婚姻色という見解もあり、発色のメカニズムは未解明らしい。

　フロレアーナ島もこの種である。船を待つ間に、フロレアーナ島の岩場で見た個体に、目を見張らされた。それまで見ていたウミイグアナとは異なり、断然彩りが派手だったのだ。これ以上のものを筆者は見ていないが、後日家人による被写体の色彩にはもっと驚かされた。

2010.11　フロレアーナ島

2011.5　エスパニョーラ島

（4）　サンタクルスウミイグアナ　*Amblyrhynchus cristatus* ssp. *hassi*

　ダーウィン研究所からプエルトアヨラまでの島の南側では、大型の個体や多数の群れはあまり見か
けなかった。ウミイグアナは、(1)のフェルナンディナ島の亜種が最大と思い込んでいたが、標本の
データ解析の結果は意外にも、本亜種が一番である。SVL（鼻先から総排泄孔までの長さ）が平均
351 ㎜、最大で 485 ㎜ある。(1)との差は平均で 10 ㎜、最大で 5 ㎜上回るが、見た目には分からない。

（5）　サンクリストバルウミイグアナ　*Amblyrhynchus cristatus* ssp. *mertensi*

　ロベリア海岸より内陸を植物調査で歩いた。海からは大分距離があり、大型の個体ばかりが目につ
いた。港付近はどれも小型であった。小さい個体はどこの海域でも食住近接なのだろう。

内陸の個体

港の個体

　サンクリストバル島にはサンクリストバルウミイグアナ（Loberia cluster）と、ゴジラウミイグア
ナ（p.133 Punta Pitt cluster）のほか、移動してきたと推定されるもう一種（エスパニョーラウミイ
グアナ p.137）が島の中部東海岸に生息するという。この亜種の分布域は狭いようである。

(6)　ピンタウミイグアナ　*Amblyrhynchus cristatus* ssp. *sielmanni*

　残念ながら写真も情報もない。

新たな5亜種

(7)　*Amblyrhynchus cristatus* ssp. *hayampi*　マルチェナ島

　亜種名はケチュア語（エクアドル・コロンビア・ペルー3国）でイグアナを意味する。

(8)　*Amblyrhynchus cristatus* ssp. *jeffreysi*　ウォルフ島・ダーウィン島

　亜種名は国立公園管理局のパークレンジャー・ジェフリーに因む。

(9)　ゴジラウミイグアナ　*Amblyrhynchus cristatus* ssp. *godzilla*

　サンクリストバル島北部で植物調査の際、2カ所に上陸した。どちらの浜にもウミイグアナの姿は
なかった。ゴジラウミイグアナの生息地として名が挙がっているプンタピットで会えたのは、2羽の
カッショクペリカン、フィンチ1羽、アシカ1頭であった。

(10)　*Amblyrhynchus cristatus* ssp. *trillmichi*

　サンタフェ島の新亜種はドイツの研究者トリルミッチに因む。

　2001年、サンクリストバル島沖のタンカー重油流出事故により、現場から南西に位置するサンタ
フェ島の生き物たちは甚大な被害を受け、ウミイグアナは 15,000 頭も犠牲になった。トリルミッチ
は事故調査に大きな役割を果たした。この事故をきっかけに、ガラパゴスはクリーンエネルギーに邁
進することになる。

岩礁は休息所　生き物がいっぱい

外洋側にも姿あり

（11）　*Amblyrhynchus cristatus* ssp. *wikelskii*

　サンティアゴ種である。サンクリストバルウミイグアナと同種とされていたが、2017年新亜種とされた。亜種名は2001年タンカー事故後、生息調査に携わった研究者ウィケルスキイに因む。

　分布はサンティアゴ島のほか、ラビダ島、ピンソン島にも生息する。

　ピンソン産は1831年、Grayにより A. c. ater と命名されたが、見るのは稀とあり、同亜種異名（シノニム）となった。Grayとは p.65「属の名称変更」の Gray と同一人である。

　ウミイグアナの居場所は海辺近くばかりではない。こんな場所にと思うほど海から遠いところにもいる。溶岩の噴気孔の小さな空間…ホルニトに入り込んでいたり、国立公園の道標の先に寝そべっていたり……ふしぎなことばかりであったが、見かけるのは大きな個体ばかりであることから、毎日採餌しなくともよいのだろうという考えにたどりついた。

　渡りをする鳥を季節外れに見かけることがあるが、あれは若鳥が目的地に向かわず、うろうろ放浪しているのだと鳥の専門家に聞いたことがある。好奇心旺盛なのは人間にも共通、若さゆえと思えるが、ウミイグアナの場合はどう見ても成体である。これらは群れることのない、「一匹ウミイグアナ」といえよう。下の２枚は餓死したのだろうか。年齢が低いほど、環境異変への耐性はないに等しい。

ウミイグアナ

リクイグアナ

4 ヨウガントカゲ *Microlophus* 属

　ヨウガントカゲは、見かけはリクイグアナ、ウミイグアナに似るが、海に潜ることはない。ただ、リク、ウミどちらのイグアナにも、いる場所は近く、まるで「ヒノキとアスナロの話」の動物版のようである。

　身体は小さいが肉食で、ウミイグアナやアシカに寄ってくるハエなどを捕えている。体の大小、草食と肉食と、リクイグアナ、ウミイグアナとは、対極にある生きものである。

ウミイグアナとヨウガントカゲ　FER

　次頁表17は「Charles Darwin Foundation Galapagos Lizard Species Checklist」から作成した。ただし7と8は種小名の後に「ined＝未出版」とあるため IUCNレッドリストで調べたところ、それぞれ記載されていた。別の資料には、7からサンタフェ産のものを独立させた10があった。また7、8、10は認められていないという資料もある。

　日本ガラパゴスの会編「ガラパゴスのふしぎ（2010）」では、7種の内1種が広範囲に生息し、6種はマルチェナ島、ピンタ島、ピンソン島、フロレアーナ島、エスパニョーラ島、サンタクルス島の固有種であると記されている。

　しかし、よく見てもどれがどれやら不明である。撮影地で判別できれば良いが、無理であった。

　ノースセイモア島では巣に出入りするメスを見かけた。p.136にも巣の写真がある。また、鳥の捕食対象となり、しっぽを失い、再生しているものを数多く見かけた。

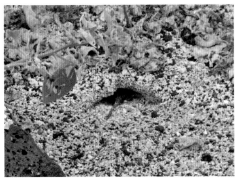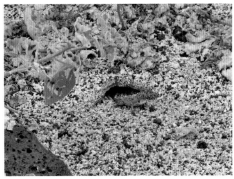

巣に出入するメス（♀）

表17　ヨウガントカゲ一覧

種　名	記載年	和　名
1. *M. albemarlensis*	1890	ガラパゴスヨウガントカゲ
2. *M. bivittatus*	1871	サンクリストバルヨウガントカゲ
3. *M. delanonis*	1890	エスパニョーラヨウガントカゲ
4. *M. duncanensis*	1890	ピンソンヨウガントカゲ
5. *M. grayii*	1843	フロレアーナヨウガントカゲ
6. *M. habelii*	1876	マルチェナヨウガントカゲ
7. *M. indefatigabilis*	ined.	（サンタクルス Baur, 1890）
8. *M. jacobi*	ined.	（サンティアゴ Baur, 1892）
9. *M. pacificus*	1876	ピンタヨウガントカゲ
10. *M. barringtonensis*		（サンタフェ Benavides, 2009）

注）10 は1892年 Baur により 1 の亜種とされていた

　一覧表に従い、以下に写真を掲げる。ガラパゴスヨウガントカゲは諸島に広く生育する。体色に「赤」が出るのは、メスという。見た目で分けたので同定に誤りがあると思う。ご教示いただけたら幸いである。以下、番号は表に対応する。

⑴　ガラパゴスヨウガントカゲ 広域分布種

サンティアゴ島　　　　フェルナンディナ島　　　　ノースセイモア島

サンタクルス島　　　　イサベラ島　　　　サンクリストバル島

サウスプラザ島　　　　　エスパニョーラ島　　　　　同
リクイグアナとにらめっこ

(2)　サンクリストバルヨウガントカゲ　　(3)　エスパニョーラヨウガントカゲ

ガラパゲイア（高所）体は透明感があった　　かなり大型で、体型は"どてっ"とし存在感がある

(4)ピンソン、(6)マルチェナ、(8)サンティアゴ、(9)ピンタの種の写真はない。

(5)　フロレアーナヨウガントカゲ

(7)　*M. indefatigabilis*（サンタクルス 1890）　　(10)　*M. barringtonensis*

プエルトアヨラ　　　　ラス バーチャス　　　　サンタフェ島

不明

 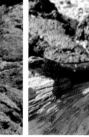 

フェルナンディナ島　　　　フェルナンディナ島　２体とも真っ黒　サンクリストバル島

5 ヘビ *Pseudalsophis* とヤモリ *Phyllodactylus*

　ポケット図鑑に「見かけることは稀」とあったヘビに、サンクリ
ストバル島海岸公園で遭遇、隠れおおせる寸前に運よく画面の端に
とらえることができた。

　2002年、4種を数えたが近年3種の追加記録あり。どれも固有種
である。

　ヤモリは2002年現在6種が固有種で、その後新種発見があるが全
体数は不明である。

Phyllodactylus sp.

6 鳥類あれこれ

Pseudalsophis biserialis

　ガラパゴスの鳥類は1994年ごろ、120種余りを数えた。海鳥 36、水鳥 51、陸鳥 34。これらのうち
留鳥は55、固有種は28を数えるという（JICA Report 1996 PDF）。 写真撮影ができたものをエピ
ソードなどと共に紹介する。

(1)　マネシツグミ属　*Mimus*

　マネシツグミは諸島内に広域分布するガラパゴスマネシツグミ（羽色やくちばしの長さや反り返り
など、形状が島ごとに少しずつ異なる）のほか、サンクリストバルマネシツグミ、エスパニョーラマ
ネシツグミ、フロレアーナマネシツグミの4種がいる。

　ダーウィンフィンチ類と異なり、一つの島に複数の種が棲むことはないという。フロレアーナ島では絶滅してしまった。

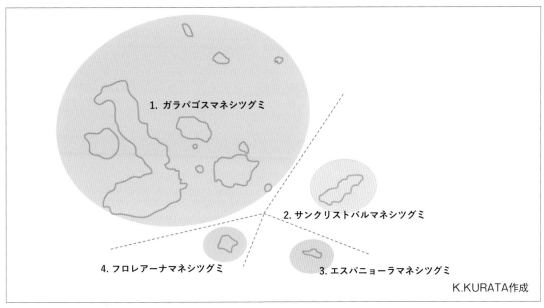

図17　マネシツグミ生育地図

① ガラパゴスマネシツグミ　*Mimus parvulus*

　フェルナンディナ島・イサベラ島・サンタクルス島・サンティアゴ島・ヘノベサ島・マルチェナ島ピンタ島など広域に分布。

サンタクルス島　　　　　　ヘノベサ島

サンタフェ島　　　　　　　フェルナンディナ島

② サンクリストバルマネシツグミ *Mimus melanotis*

若鳥　　　　　　　　　　　　　成鳥

③ エスパニョーラマネシツグミ *Mimus macdonaldi*

(2) フィンチ

　　ダーウィン研究所敷地内には、多数のフィンチが群れ、目の前で採餌する。しかも1種類ではない。

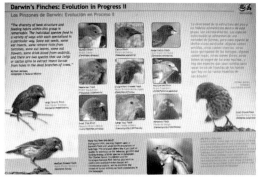
ダーウィンフィンチ解説版

植物食地上フィンチ

足環

サボテンの幹のすきまに巣を造っていた

サンタクルス島

サンクリストバル島

　足環をつけた個体を見つけた。認識票はフィンチに迫る危機―鳥ポックスウィルス感染症や生息域の狭まり（開発・人の暮らしの影響など）に備えての基礎研究のためという。

　現在、危機が報告されているのはマングローブフィンチで、生息数は100羽を切り、2014年から域外繁殖プログラム（人工ふ化・飼育・自然復帰）が実施されている。マングローブ林の減少に加えて外来種のハエ（*Philornis downsi*）の幼虫が、フィンチの卵やひなに寄生するという、ダブルパンチである。しかし、2015年 8 羽を放鳥したという朗報があった。

　フィンチの餌は数年に一度起きる急激な気候変動の影響を受ける。それに伴いフィンチのくちばしの大きさや形は変化する。その経過はグランド夫妻の大ダフネ島（p.16）における40年に及ぶ研究の記録「なぜ・どうして種の数は増えるのか」（2017・共立出版）に詳しい。進化は眼に見えるものではなく徐々に進行するものと思っていたが、 2 世代で新種という記録には驚かずにはいられない。

　次の表18 はIUCN Red List からピックアップした。フィンチのくちばしの形が異なるのは食べ物に応じて変化したことの証である。ガラパゴスのダーウィンフィンチ17種の内訳は昆虫食 2 種、植物食樹上 1 種、地上 7 種、樹上 7 種である。種分化の系統はムシクイフィンチから始まり、ハシブトダーウィンフィンチが分かれた後、地上フィンチ類と樹上フィンチ類に分かれたと推定されるという。

表18 フィンチ一覧

採餌形態	学 名	英 名	和 名
昆虫食	*Certhidea fusca*	Grey Warbler-finch	グレイダーウィンフィンチ
	Certhidea olivacea	Green Warbler-finch	オリーブダーウィンフィンチ
植物食樹上	*Platyspiza crassirostris*	Vegetarian Finch	ハシブトダーウィンフィンチ
植物食地上	*Geospiza cutirostris*	Genovesa Ground-finch	ヘノベサ地上フィンチ
	Geospiza difficilis	Sharp-beaked Ground-finch	ハシボソガラパゴスフィンチ
	Geospiza fortis	Medium Ground-finch	ガラパゴスフィンチ（ダフネ）
	Geospiza fuliginosa	Small Ground-finch	コガラパゴスフィンチ
	Geospiza magnirostris	Large Ground-finch	オオガラパゴスフィンチ
	Geospiza pallida	Woodpecker Finch	キツツキフィンチ
	Geospiza septentrionalis	Vampire Ground-finch	吸血フィンチ
植物食樹上	*Geospiza conirostris*	Espanola Cactus-finch	エスパニョーラサボテンフィンチ
	Geospiza heliobates	Mangrove Finch	マングローブフィンチ
	Geospiza parvula	Small Tree-finch	コダーウィンフィンチ
	Geospiza pauper	Medium Tree-finch	ダーウィンフィンチ
	Geospiza propinqua	Genovesa Cactus-finch	ヘノベササボテンフィンチ
	Geospiza psittacula	Large Tree-finch	大木フィンチ
	Geospiza scandens	Common Cactus-finch	サボテンフィンチ

2021年11月現在である。フィンチは種の分化が早く、種数の把握は難しい。

(3) ガラパゴスペンギン *Spheniscus mendiculus*

日本から来たの？　　　　　上手に撮るんだよ　　　　　モデルは疲れるなあ〜

　次頁 図18 は東京大学地震研究所が公開している南極を中心にした正距方位図である。南極大陸からアルゼンチンのホーン岬まで1,000 kmほどある。南米大陸は南極に一番近い。

　フンボルト海流は南米大陸沿いに流れ、赤道付近まで「ペンギン」を運んでいった。

　2020年のPNG・CDFによる生息数調査で1,940個体が確認されている。

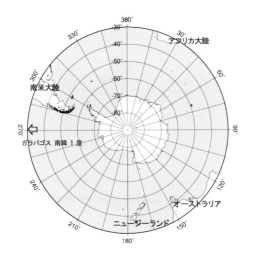

図18 南極大陸
東京大学地震研究所 渡邉篤志氏作成　に加筆

遊泳するペンギンの群れ

(4)　カツオドリ　*Sula*　3種

カツオドリの英名はブービーという。

愛嬌のあるしぐさにより一番人気のアオアシカツオドリ。諸島の広範囲に生息し、一番目につく。

アカアシカツオドリは人目につく場所にはいない。樹上に巣を作り、採餌は海の沖合いである。一番小型で一番美しい。タゲリを「田んぼの貴婦人」というように、アカアシカツオドリには「カツオドリの貴婦人」の名を献上したい。

ナスカカツオドリは一番大型、旧名はマスクカツオドリで、顔は歌舞伎の隈取りを施したようだ。

①　ガラパゴスアオアシカツオドリ　*Sula nebouxii excisa*

これほど人を惹きつける鳥はほかにあるだろうか。とにかく目に見えるすべてが愛らしい。ノースセイモア島で、身近に見ることが出来た。無防備過ぎて絶句である。

サンタクルス島北側の浜 ラス バーチャス（p.18）で白砂がまぶしいビーチにたたずんでいると、いつの間にか頭上をアオアシカツオドリが飛翔する。数羽のチーム、10羽以上の群れなどが次から次へと東から西へ、一方向に群れて飛ぶ。どういう構成なのだろう。

ノースセイモア島生まれの若鳥たちだろうか。青い脚は格納され見えない。この地より東のイタバカ桟橋付近では集団採餌が見られる。

2個抱卵

飛翔

ラス バーチャス　後ろ姿

② ガラパゴスアカアシカツオドリ　*Sula sula websteri*

カツオドリの中で一番寿命が長く、30年という。樹上に巣を作るため、虫や病気を回避できるようだ。若鳥は体色が褐色と白色の2タイプある。

餌場は沖で、他の2種とはバッティングしない。生息地は限られ、人の目に触れることはあまりない。ヘノベサ島のこの地は、巣の数は多く過密気味、ナスカカツオドリ、さらにここにはオオグンカンドリとアメリカグンカンドリも営巣している。

褐色型

白色型

③　ナスカカツオドリ　*Sula granti*

　体が大きいため、飛び立つには苦労するらしい。3種の中で一番気性が荒いといわれ、正面から見る親鳥の顔つきはちょっとこわい。巣立ちにはまだ遠い幼鳥が、しきりに石を咥えていた。遊びではなく、自立への第一歩だろうか。

(5)　アカメカモメ　*Creagrus furcatus*

　ハトのような体つき。目はまん丸で真っ赤な縁取り！　目を閉じると、あーらステキ、赤い眉のよう。よく見ると、嘴は少し反っていて、赤い脚には水掻きがある。たしかに水鳥、カモメの脚である。

　アカメカモメの採餌は夜、カモメの仲間では唯一の夜行性の鳥という。親鳥、若鳥、ヒナと、変化が著しく、到底同じ鳥とは思えない。

親鳥とヒナ　　　　　　　　若鳥

(6) ガラパゴスコミミズク *Asio flammeus galapagoensis*

　ナチュラリストガイドの、静かに～というジェスチャーから溶岩の窪みに目をとめた。そこにはコミミズクの姿があった。ガラパゴエンシス！固有種である。

　明け方や黄昏時に狩りをするコミミズクは、敵がいないヘノベサ島では昼行性らしい。より強い相手に襲われたのだろう、近くに遺骸が散乱していた。

(7) グンカンドリ *Fregata* 2種

　繁殖期のオスはのど元を大きく膨らませ、その形と真っ赤な色合いが特異で人気が高い。見られる時期が限られていることから、見るのは無理、また特に見たいとは思わなかった。

　サンタクルス島に住んでいたら、大空を舞う姿しか見る機会がなく、体の大きさに乗じてほかの鳥の獲物を奪う悪役、しかもフリゲートバードという名前からして戦闘的で、よいイメージがない。しかし生息地での子育てを見たら、親も子も自然を構成する一員に過ぎず、イメージは払しょくした。

アメリカグンカンドリ　つがい　　　　成鳥　　　　　オオグンカンドリ（p. 69,158～159）

　近くに見ればグンカンドリ2種の相違は明らかである。オオグンカンドリ（*F. minor*）のひなは頭が茶色、アメリカグンカンドリ（*F. magnificens*）は真っ白、親の羽色はオオグンカンドリには茶色があり、アメリカグンカンドリは緑が目立つ。営巣風景では、オスの赤い風船状の喉元よりも、翼を広げ日差しを遮り、パートナーを守ろうとしている姿に目がいった。

(8)　ミヤコドリ　*Haematopus palliates galapagensis*

　ガラパゴス産ミヤコドリは、アメリカン オイスター キャッチャーの亜種で、準固有種である。

　その名の通り、カキ（牡蠣）などを餌とする。谷津干潟など東京湾奥部沿岸域で確認されるミヤコドリ *H. ostralegus osculans* は同じ仲間である。

　フェルナンディナ島の夕暮れ時、ナチュラリストガイドでさえ、岩陰にうずくまる個体を見落としていた。脇を人が通っても動ずることなく座り続けている。黒い鳥と思っていたら、ピンタ島で撮影された写真を見て驚いた。背部は黒、腹部は真っ白のツートンカラー、脚は長かった。イサベラ島へ出かけた際、遠景の岩礁にこの鳥が複数映っていた。溶岩に同化し、目視は到底無理であった。

(9)　サギの仲間　どの個体も、哲学者のような、神妙な顔つきである。

Butorides sundevalli
ササゴイ若鳥　片足立ち

Nyctanassa violaceus
シラガゴイ

Ardea Herodias（p. 157）
オオアオサギ

（10）　アホウドリ　*Phoebastria irrorata*

　諸島で唯一のアホウドリの生息地、エスパニョーラ島は、古い島の一つでもある。ナスカプレートの移動で大陸に向かって南東に、一年に 5 cm ほど進み、最後は大陸の下に沈み込む。噴火後500万年で島が消滅するとは、それまでにアホウドリはどれほど世代を重ねるのだろう。

　残念ながら島に行くことは叶わなかったが、写真にはアホウドリのみでなく、固有の植物がたくさん写っている。それらも堪能した。

（11）　ベニタイランチョウ　*Pyrocephalus nanus*

　ガラパゴス発見者フレイ　トマス司教の報告書に、アシカ、ゾウガメ、ウミイグアナと共に登場する「赤い鳥」はベニタイランチョウである（p.9）。漂着した大地は「地獄のよう」に見えたであろうが、その後目にした生きものたちには、驚きと癒しを感じたことだろう。

　ベニタイランチョウには *P. nanus* と *P. dubius* と 2 種が記録され、サンクリストバル島の固有種である後者は、絶滅してしまった。*P. nanus* はサンタクルス島、フロレアーナ島、サンタフェ島に生息、さらにイサベラ島やピンタ島でも確認されている。本土では *P. rubinus* が見られるが、この種は亜熱帯地域（アメリカ南西部・中米・南米など）に広く生息している。

ベニタイランチョウ　♂　ピンタ島　　　　　　　　　　サンタクルス島　農場看板　実物遭遇

　2020年6月、サンタクルス島でヒナが6羽孵化したというニュースが舞い込んだ。自然状態での繁殖のようである。p.147のマングローブフィンチと同様、外来種の寄生バエの影響がある中、巣の近くに殺虫効果のある薬剤を置いたり、外来植物の駆除などの対策を取っているという。

（12）　アラカルト　　まずはこれまで登場していないものの出番とした。

キイロムシクイ　*Dendroica petechial*
手前はウミイグアナの背

ヨウガンカモメ　*Larus fuliginosus*
体色は熔岩色

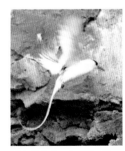

アカハシネッタイチョウ
Phaethon aethereus

ホオジロオナガガモ
Anas bahamensis

カモの仲間
Anas sp.

クロエリセイタカシギ　*Himantopus mexicanus*　　キョウジョシギ　*Arenaria interpres*

（13）　気になる外来種

　廃棄物センターに毎日アマサギ *Bubulcus ibis*（英名 Cattle Egrett）が来て、堆肥の山を掘り起こしている。センターにとっては荒らしである。近頃増えて駆除対象だと聞いた。もとは熱帯アフリカの産であるが、今や世界に分布を拡大しているという。体色の亜麻色が名前の由来である。翌年家人がセロメサの湿地で群れを見かけ、写真に収めた。

　カラスに似た黒い鳥を、家人がエスパニョーラ島で撮影した。外来種と思ったが、エスパニョーラオオサボテンフィンチ *Geospiza conirostris*（Espanola Cactus-finch）だろうか。島ごとの変化があり同定は難しい。本項掲載は、きっと不適切。鳥さん許してね。

（14）　とっておき画像

①　争奪戦……漁夫の利なるか

　魚を捕らえたオオアオサギ、獲物は大きすぎて呑み込めない。ノスリは略奪の機会をうかがう。

　オオアオサギは何度もくわえ直す。両者の攻防は続き、ノスリがあきらめる様子はない。空にはグンカンドリが舞い、岩場にはカッショクペリカンが控えている。

　6分経過、ノスリはようやく飛び立った。ギャラリーはウミイグアナ、たくさんのカニ。彼らには日常茶飯事の出来事とみえる。

いいなあ、分けてくれよ　　　　　　　　　　ねえ　ダメ？

視線の先は大きかったあの魚

② 　コバネウ　*Phalacrocorax harrisi* のつがいと

侵入者カッショクペリカン　*Pelecanus occidentalis urinator*

翼は退化し飛べないはずのコバネウの巣は、海面からはるかに高い断崖絶壁の棚状の場所。ここに巣を造るとは、巣材運びが大変だったろうに。くつろぐコバネウのつがい。

そこにカッショクペリカンがやって来た。何をしに来たのだろう。オスは斜に構え出張っていき威嚇、立ち向かう。飛び立つまで３分。経過は８ショット。

2020年のPNG・CDFの生息数調査では、2,220個体が確認されている。

③　ノスリ *Buteo galapagoensis* の日光浴　－飛び立つまで6分　順路はしばし通行止め

　　サンティアゴ島にウエットランディング、島内を探索。2グループが先発してからのスタートに、急にストップがかかる。13人のパーティーは思いもよらない場面に大興奮。

　　若鳥の日課なのだろうか。通路をふさぎ、人がいても臆せず翼を広げ、陽を受けている。あっ！歓迎してくれているのね～。みんなニコニコ。

④　オオグンカンドリのフィーディング

　　一緒に上陸したエコツアーの仲間たちはカヤックや休憩で浜を離れた。残留組のうち二人はシュノーケル、私は一人で自然観察。陽に曝された巣にひなが親の帰りを待っている。へたってしまわないか心配なほどの強い日差しだ。

　　「お帰りなさい～」、「さあ、お食べ！」フィーディングに巡り合うとはなんという幸運！　目の周りに赤い彩りがあるから、えさを持ってきたのは母鳥に違いない。父鳥もエサを運ぶのだろうか。

　　船に戻り、常に「遊べ！　楽しめ」と声をかけてくるイギリス人夫妻に「ラッキーな出来事」を報告した。彼らは我々の視線の先の対象物は植物調査と察知し、仕事一筋と懸念していたようだ。

⑤　ベニイロフラミンゴ　*Phoenicopterus ruber*

　アフリカの地のフラミンゴの大群は、圧倒的な数で人々を魅了する。華麗ではあるが過密すぎる。飛翔以外の生活する姿を想像できない。ガラパゴスでは数羽の群れをあちこちで見かけた。

　イサベラ島ロスサリナス、夕暮れ迫る、わずか4分の間に目の前で起きた、ベニイロフラミンゴの三態。ガラパゴス諸島では500羽ほどの生息が確認されている。

立てばフラミンゴ　座ればピンクスワン　　　　　　リラックスしたらシュークリーム！

7 海獣

　哺乳類を挙げようと思ったら、コウモリやネズミ、クジラやイルカ、シャチもいる。そこで容易に見られるアシカと仲間のオットセイの2種とした。

　アシカとオットセイはどちらもアシカ科で、後ろのひれは左右にあり、歩くことが出来る。前ひれにかぎ爪はない。耳とはいっても、外耳のあるのはアシカのみである。

(1) アシカ *Zalophus*

　アシカはパナマ海流（暖流）に乗ってやって来た。*Zalophus californianus* である。

　県都サンクリストバル島では人口よりアシカの方が多いと自嘲気味に語られる。現在人口 7,000人に対してアシカは500頭という。海岸部の昔ながらのショップには侵入を食い止めるため、西部劇の扉のようなガードが下部にしつらえられていた。民家には踏み込みが狭い数段の階段と扉があった。あらゆる場所に神出鬼没、どこでも自由に寝そべり、場所を占拠する。表情は愛くるしいのに 英名 Sea Lionとは謎であったが、吠えるような鳴き声が由来という。

　2007年 *Zalophus wollebaeki* が本種から分離独立、Galapagos Sea Lionとして記録された。*Z. californianus* より小型らしい。

全体の形が分かる寝姿　　　　　　　　　　器用なしぐさ　　　　　　　耳とヒゲに注目

　無人島の浜の群れの親子関係は見た目不明、動きを追ってみる。成体の大きさの個体が母親にすり寄っていく。体は大きくてもまだ離乳していないらしい。授乳をねだっても、我が子でなければ追い払われる。成体か幼体かの区別は、体の大きさではなくフンで見分けられることに気付いた。食物の自立がないと排泄物は固形にならないのだ。

お母さんはどこ？迷子の２頭　　個体調査　　黄色のタグ　　　　吠える

(2) オットセイ *Arctocephalus galapagoensis*

　アシカより小型、首が短めでずんぐりし体表面の毛は長い。涼しい場所を好み砂浜にいることはない。アシカに似ていても出自は異なり、ペルー海流（寒流）に乗ってやってきた。寒い地方から来たので毛むくじゃらで、英名は「Fur Seal」。外耳はなく、夜行性である。

　次頁はヘノベサ島 ダーウィン湾の断崖絶壁下の岩場。幼体がじゃれあう様子も見ることが出来、ラッキーであった。

8 アオウミガメ　*Chelonia mydas agassisi*

　ウミガメは世界的に絶滅が危惧される野生動物、海洋汚染と漁業の影響をもろに受ける。産卵地の減少や捕食者の増加などもまた種の保全に関わる問題である。アオウミガメの成体は草食で（ウミガメではこの種だけ）海草や藻を主食とする。子ガメはカニやクラゲ、海綿などの生物も捕食、この採餌が海のごみ、プラスチックやタールなどの誤食となり死につながる。

　ウミガメの眠り、水底と同じで深そうだ。岩礁は生き物たちのよき隠れ家である。

溶岩ブリッジで周回できる潮だまり　ウミガメは　ここ

9 甲殻類・棘皮動物・軟体動物・クモ類

　若いヤシガニかと思ったが、ヤドカリ（Ecuadorian hermit-crab）であった。エクアドルとチリの海域沿岸部に生息する。幼生が漂着するのか、この地で繁殖しているのかは不明である。また、ガラパゴス諸島にはガラパゴスベニイワガニ（Sally lightfoot crab）という全域に生息するカニがいる。保護のため食用は禁止である。かなり大型で体長は 20〜24cmにもなる。幼体は黒いが、成長すると赤くなる。横歩きばかりでなく前進もし、また岩から岩へと飛び移ることもできるという。

　食用のランゴスタ（イセエビ）の漁獲期は 9 〜12月、26cm未満の採取は不可である。水揚げ期には客に混じり PNG職員が目を光らす。

Coenobita compressus ヤドカリ

Grapsus grapsus　ガラパゴスベニイワガニ

イセエビ　魚市場

サタデーマーケット　販売はこんなにラフ！

ウニなど

カキ

ミコニアに付く陸生巻貝　　　現地女性、腕にはわせ「ほら！　観察したら」ナメクジ　ミントに付着

　岩の間にクモの巣が張られていた。居住区とはかなり離れた島である。姿は探せなかったが、渡ってきた経緯を考えると、「いてくれてありがとう」という思いであった。

羽毛や木の葉、枯草がかかっている

10 昆虫類

　昆虫類に出会うことはガルア季（雲霧期）のためか、稀であった。調査にはトラップや灯火など仕掛けが必要だろう。葉っぱに食痕があるとつい葉を裏返してみる。しかし、大半は何も見つけられない。

　滞在中、家でもフィールドでも虫刺されはなかった。季節的に恵まれたことと、家や宿の場合、ヤモリの存在があると思う。活躍に感謝。屋根に鋼板が使われている建物ではヤモリは見当たらない。

カメムシ幼体　　　　　　　肉食カメムシ　　　　　　　ツユムシ？

バルトロメ島上陸前、ナチュラリストガイドは誰もが紫外線除けクリームを分厚く塗りたくり、厳しい自然をアピールしていた。茫々とした風景に、木道から砂の上にバッタを見つけた時は心底うれしかった。ガラパゴスオオバッタの体長は 7 cmほど、体色はさまざまである。

オオカバマダラ　　　　　　　幼虫と食草のトウワタ　　　　吸蜜

なんの幼虫だろう　　　君はだれ？　　　　食器にとまったハエとハチ

固有種のダーウィンクマバチ *Xylocopa darwinii* は枯木に孔をあけ巣をつくる。ドリルで穴をあけたようになるので、大工バチ（Carpenter bee）と呼ばれる。巣には出会えなかった。一番左を除く写真はすべて外来種のハチの巣のようだ。

ダーウィンクマバチ　　　巣３種↑コアシナガバチ？　シャワーヘッドのよう　　玄関灯にも

ハチ

Erythemis vesiculosa　エリセミス　ベシキュローサ

アサガオの葉にいたムシ

トンボは、ウスバキトンボとおぼしきトンボ（フェルナンディナ島）、青いイトトンボ（サンタクルス島）の２種はカメラでとらえられず、この一枚は貴重なものとなった。

　房総蜻蛉研究所の互井賢二氏からの情報で判明した種名に基づき、IUCN 2017年のレッドデータを検索したところ「生息範囲は米国のカリフォルニア、コロラド、ミズーリ、テネシー、フロリダなど12州と西インド諸島、メキシコの 30州中の 20州とメキシコシティのほか、南米各地に報告があり、ガラパゴスにも生息する」とあった。緑色だがシオカラトンボの仲間である。

11 生物防除の施策　Biological control ―虫の調査研究

木に吊り下げられた紙箱には「昆虫トラップ 触れたり 移動を禁ず 注意 有毒」と記されている。基礎的な研究が重視される害虫対策で、街中でも見かける。

　虫類は植物を食害するもの、動物に寄生するもの、人畜に有害なものとその被害は様々で、見過ごせない。p. 16に掲げた写真、本土からのフライトの機内で行われるスプレー散布の再見を乞う。

パーキンソニア　高さ３m　高すぎて誘引物は見えない　低木の仕掛け 高さ１m

テントウムシの事例

イセリアカイガラムシは居住区の街路樹などの移入に伴い侵入し、被害は農作物に及んだ。樹液を吸い、排せつ物は黒くべとつき植物の葉や幹を覆うため、植物は光合成ができなくなり枯死する。

ガラパゴスのテントウムシ（*Cyloneda galapagensis*）はカイガラムシを捕食しない。そこでカイガラムシの天敵ベダリアテントウ（*Rodolia cardinalis* オーストラリア産 ）の導入を検討したという。世界的には1886年からすでに効果が知られ、日本での導入は1910年である。各国に先例はあってもガラパゴスにとっては外来種のため、6年間綿密な調査がされた。在来種との競合や生態系に与える影響など、あらゆる事態を想定した結果、2002年に放虫、効果を上げている。

固有種や導入種のテントウムシを見ることは到底できないと思っていた。ダーウィン研究所の研究室（アネックス）は、出入りが厳重なため外で待つ合間に敷地内の木をウオッチしていたところ、ベダリアテントウに出会えた。固有種のテントウムシは「点」がないのですぐに見分けがつく。フロレアーナ島とイサベラ島で確認できた。中南米に広く分布する *Cyloneda sanguinea* の姉妹種である。

Cyloneda galapagensis ガラパゴステントウムシ　　*Rodolia cardinalis* ベダリアテントウ　多型性　？

【余聞】水ぎわのふしぎ

ガラパゴス諸島の海域も世界自然遺産であるが、筆者は「海」にはあまりなじみがなく、また植物調査に追われて関心が向かなかった。ホンダワラやアオサなど知った名前の海藻や、浜に打ち上げられたクラゲや海面に漂う海藻など多数見られた。海岸浅瀬には魚影が多数あった。新たな知識を得る機会を逃してしまい残念である。

ガラパゴスではただ一度、シュノーケルをつけて海中に入ったが、6月の岩礁内でも水は冷たく、頭痛がしてきたため30分ほどで引き上げた。停泊中の船底周辺にはカラフルな魚影が多数あった。

2年後、小笠原諸島父島・大村湾で水中眼鏡越しに海中をのぞくと、偶然にもその日の午前中、歩道に埋め込まれたタイルにあった魚種そのものが、目の前にいた。

イトヒキアジ　小笠原諸島父島　境浦歩道　　イタバカ海峡乗船場付近　魚影あり

シュノーケルに興ずる

海藻の上陸

撮影日　9.17　　　　　　　9.27　　　　　　　　　　10.1

　国立公園管理事務所船舶発着所の斜面に海藻が生え始めたのは９月半ばごろ。波が来る範囲までしか拡がらず、月が替わるころには元に戻った。海藻の種類は不明である。

含有水分の差でできた境界と足あと 3種類

右足　　　↑ 鳥の脚　　　　　　↑ ウミイグアナ 肢としっぽ

家畜など

馬に乗り、シエラネグラ頂上を目指す

牛牧場

養豚（山の中腹）

かなり大型の親鳥、黒いヒナ

第四章
人知とガラパゴス

　ガラパゴスとは何たるかを学ぶには、1998年スペインの寄付によりオープンした
サンクリストバル島のインタープリテーションセンターに行こう。歴史や暮らし、
火山の成り立ち、海流・気候などと、生き物との関連などを展示解説している。

　展示を見て外に出るとはるか彼方に像が見える。アシカ・イグアナ・ゾウガメを
従えた若き日のダーウィン像である。1835年、ダーウィンはこの島に上陸した。

←岬のダーウィン

↓インタープリテーションセン
　ターの外の散策路は区画ごと
　にパイプが2本通る。
　水はけ用と見た。

1 日本で学ぶガラパゴス

(1) 世界唯一の場所「ガラパゴス」の 科学的価値・保全の意味

　チャールズ ダーウィン研究所創立50周年にあたる2014年、特定非営利活動法人 日本ガラパゴスの会による記念講演会が二日間にわたり開催された。一日目は国立科学博物館・（公財）東京動物園協会上野動物園が主催した。上野動物園で飼育されているガラパゴスゾウガメの出自が不明のため、科博によりDNA鑑定が行われることに関し「ゾウガメ、キミはどこから来たの？」と題する子ども向けの企画であった。1969年にペルー動物園から寄贈されたタロウ君は推定80歳以上で、上野動物園で一番の長寿という。2019年３月タロウ君はサンタクルス島産と判明した。

　二日目は会場を経団連ホールに移した。日本経団連自然保護協議会はCDFに対し1998年から種の保全事業に支援を続けてきた（p.53～54）。支援感謝の講演でチャールズ ダーウィン財団理事長兼ダーウィン研究所所長のスヴェン・ロレンツ氏による「ガラパゴス諸島の保全のための科学」の生き物紹介では、一般には到底立ち会うことのできない映像「陸産ヘビが魚を食すシーン」が映し出された。

2011. 4.13　上野動物園　タロウ君

園内で購入　ゾウガメのぬいぐるみ

2014.7.23　スヴェン・ロレンツ氏

伊藤秀三氏

　また、スカレシアの項でご紹介したガラパゴス研究の第一人者、伊藤秀三氏は「日本－ガラパゴス交流史　五つの話題」を語られ、1932年カリフォルニア科学アカデミーの一員としてガラパゴスに足跡を残した朝枝利男氏（1883～1968）と東京水産大学の海鷹丸による現地調査を紹介された（p.12～14）。

（2）　海洋島の未来

　2018年は、「小笠原返還50周年」及び「日－エクアドル外交樹立100周年」の節目の年であった。世界自然遺産指定には30年以上の時間差があるものの、ガラパゴス、小笠原ともに海洋島である世界自然遺産を維持するため、相互の知見と意見交換の場を設け、交流を深めた。

　3月2日、ガラパゴスから4名の高校生とダーウィン研究所所長、スタッフが来日、5～15日の10日間、高校生たちは小笠原で島民と交流した。11日には鹿児島県主催により講演会「世界自然遺産の保全と活用～ガラパゴスと奄美～」、19日は首都大学東京（現 東京都立大学）・秋葉原サテライトにおいてシンポジウム「ガラパゴスと小笠原」が開催された。19日の演題は下記の通りである。

「小笠原諸島の生態系保全と自然管理の概要」
　　　　　清水善和氏（日本ガラパゴスの会理事長・駒澤大学教授）
「ガラパゴスの保全　100の成功．100の失敗」
　　　　　真板昭夫氏（日本ガラパゴスの会理事・北海道大学客員教授）
「ガラパゴス諸島の持続可能な発展」
　　　　　アルトゥロ・イスリエタ氏（チャールズ ダーウィン財団理事長・同研究所長）
「ガラパゴス諸島の紹介」　ガラパゴス諸島の高校生4人の発表

　清水氏、真板氏とも研究成果の貴重な講演であった。様々な紹介本があるがそれらには書かれていないトピックスである。

　特に気になったのは、清水氏の、事業主体によってばらばらに行われてきた事業の指摘があり、「小笠原には総括機関が必須」という提言があった。東京都版エコツーリズムの推進は、自然ガイドの制度普及がカギとなる。また、小笠原の自然保護に関する法律の一覧は、今後必要な施策の指針となる。

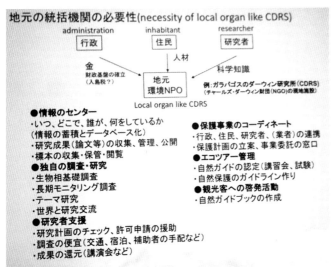

統括機関の必要性

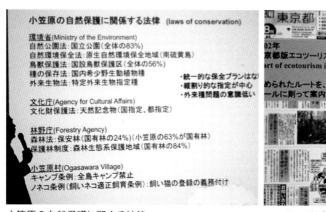

小笠原の自然保護に関する法律　　　　　　　　エコツーリズムの普及　　　　清水氏講演スライドより

　真板氏からは1960年以降の写真の紹介があった。当時サンタクルス島は人口 2,400人。漁民はバカラオ（タラ）の干物作りと無人島に放したヤギを狩り、農民はスカレシア林に牛を飼い、高地を開拓し、ジャガイモやコーヒー栽培で生計を維持、自給自足の極限状態だったという。イサベラ島ではヤギやノウシ、ロバも繁殖し、生態系に圧がかかっていたことを示すスライドもあった。

　貴重な自然遺産のために、海洋資源としての利用に制限がかけられ、永らく社会紛争になり、漁民による実力行使が頻発した。さらに住民間の亀裂－漁業者と観光業者の対立にエクアドル軍が出動する騒動のスライドもあった。国立公園管理を巡る諸問題の解決は、ガラパゴスにとって試練の時代であり、新たな「社会システムの構築」が可能になったと思われる。

ガラパゴス国立公園管理年表①

- 1959年：ガラパゴス国立公園(PNG)指定
- チャールズダーウィン研究所(CD)研究所落成
- 1974年：第1次PNG管理計画
- 1978年：世界自然遺産に登録
- 1984年：第2次PNG管理計画
- 1986年：ガラパゴス海洋保護区(GMR)指定
- 1992年：GMR管理計画(第1次)
- 1996年：第3次PNG管理計画
- 1998年：ガラパゴス特別法
- 1999年：GMR管理計画(第2次)
- 2005年：第4次PNG管理計画
- 2014年：第5次管理計画(PNG

ガラパゴスの保全と利用の百の成功百の失敗のプロセスは、国立公園局とダーウィン研が両輪となって関わりながら、
1、制度の設定
2、計画手法の導入
3、科学的な分析
4、制度の設定
5、課題の発生
6、計画手法の導入
7、科学的な分析
のプロセスを繰り返し、試行錯誤し、その都度、多くのステイクホルダーを合意形成によって巻き込みながら、管理に住民を参加させていく「社会システムの構築」というプロセスであると言える

真板氏講演スライドより

　イスリエタ氏からは「持続のための3本柱　社会・環境・経済」と今後のシナリオの提示があった。社会情勢が現状維持の場合、緩やかに成長、元に戻れない状態の三つを項目別に示したものである。ガラパゴス訪問観光客は毎年8％ほど増加していた（p.31）が、2018年は14％増にもなった。観光スポットは2017年すでに飽和状態、土地利用が100％に達するのは2022年、生態系は2026年には元に戻らないという。今後入島制限は必須となるであろう。よくある質問として「ガラパゴスが保持できる人間の数は？」は各自が考える問題として受け止めたい。

　高校生は各島の紹介と、環境活動の取り組みを発表した。イサベラ島の高校生のスライドには島の概要の紹介のほか、海岸のごみ拾いや、廃品を活用したクリスマスアートがあった。また、ペットボトルをポットとしての苗木作り作業が披露された。

　2010年度、サンタクルス島には JICAから環境教育に携わる隊員が派遣されていた。その取り組みは現在、高校生による環境活動に受け継がれている。

　ガラパゴスでは年間 1,500人が高校を卒業する。彼らの進路は様々で、進学・就職で本土を目指すとそのほとんどは帰島しないという。

　イスリエタ氏は本土に進学する４人の高校生に「戻ってきますか」と問うた。全員が戻りますと答えた。どうして戻るのか、サンクリストバル島の高校生は説明してくれた。

　家族がいて地域の中で育ってきて、暮らしや文化が根付いている場所だからと。ふるさとを愛する人材が育っていることを確信できた一言であった。

ガラパゴスと小笠原の動物がこんにちは
次世代育成交流事業　記念のTシャツ
2018.8 購入

　2018年８月、小笠原の中高生「島っ子」５人は、「小笠原の未来を考える」というミッションを担いガラパゴスへ向かい、10月には父島で報告会が開かれた。

2 ガラパゴスのなりわい・インフラなど

（1）　過去のなりわい　製塩業

　エコツアーで上陸した島には、人が住んだ痕跡が各所にあった。サンティアゴ島プエルトエガスである。まずは給水塔、歩を進めると木の杭が規則的に並んでいる。グラスボトムボートに乗り、海に出ると洋館の建物が見える。灯台を撮影すると、その下には家並が広がっていた。

ウエットランディングで上陸　眼前に給水塔

ノスリが飛来　タンクには水量のメモリが見える

製塩の歴史は古く、1928〜1930年に最初の製塩所が開設された。一時中止となり、再開は1946年と記録にある。しかし、ナチュラリストガイドは「戦争の時、アメリカ軍が水や食料を住民に投下していた」という。操業中止の期間は不明である。

　1963年にNHK取材班が火口湖底の塩採取を取材している。海岸に近い小火口に海水が入り、それが蒸発して容易に塩が採れたというものらしい。本土へ出荷していた時期もあったが、費用を考えると採算ベースになく撤退した。1970年に番人がただ一人いたという記録【伊藤（1985）「ガラパゴス諸島」】もある。島には塩の倉庫や住宅が残った。「ガラパゴス特別法」施行前に、期せずして無人島となったことになる。現在はサンタクルス島で塩田が営まれている（p.52）。

作業場遺構か

倉庫というより洋館の感じ

製塩以外で生活は成り立たなかったのだろう

火山灰堆積海岸　侵蝕は激しい

(2)　インフラ

　サンタクルス島では、イタバカ海峡からプエルトアヨラまでの横断道路が出来たのは1975年、車の走行が可能になった。伊藤の【人間社会の諸相［村と街の風景（1978）］ガラパゴス諸島の推移】を見ると、街中の道路はすべて未舗装であった。整備は必要な場所に重点的に施工されていったのだろう。

　イサベラ島ではパブリックホールを利用する機会があった。広くてきれい。舞台の背景にはガラパゴスの象徴的な風景が描かれていた。島のメインストリートには舗装がないが、農耕地へのハイウエイは舗装されている。「未舗装なのが好き！」という人もいる。海から内陸へ移動するウミイグアナにとっても、砂浜のような道路の方がいいことだろう。

イサベラ島　パブリックホール　　　　　　　　イサベラ島　メインストリート

　サンクリストバル島では家人が地中配管の工事現場を撮影してきた。工事の内容は不明であるが、エルフンコ湖が水源の水道管の取り替えかも知れない。配水塔（サンタクルス島の例：p.47）は確認できていない。

　サンクリストバル島では「死者の日」に停電に遭遇した。思えば、島への船の乗客は日本のお盆のような「死者の日」の帰省客ばかりのようで、街に観光客はあまり見かけず、港の飲食店はどこも一斉に休み、食事にも事欠いた。停電の理由は、帰省者が増え電力の需要が急増したためという。

　ガラパゴスでは生活必需品のみならず、諸島内を航行する観光船、漁船、車両の燃料、電気を作るディーゼル発電機を動かす重油など、あらゆるものが運搬されてくる。輸送中の海難事故など、環境へのリスクを常に抱えている。

　このような状況下で、2001年、サンクリストバル島沖のタンカー「ジェシカ号」事故が起きた。サンタフェ島の生き物の被害は大きかった（p.139）。これを機に、G8（主要国首脳会議　現在G7）により風力発電機が設置された。島民 6,000人（当時）の消費電力の半分を3基（800KW／基）でまかなう。

風力発電の３基はエルフンコ湖をはさんでミコニア自生地の対岸にあるのだが、季節的に濃い霧に隠れて見えず、ガソリンスタンドや火力発電所は調査に精いっぱいだったため、街中のどの辺にあるか見つけられなかった。

　停電が復活する様子は興味深かった。見える範囲において一斉ではなく時間をおいて、街区ごとに灯りは点いていった。不謹慎であるがとても幻想的であった。

サンタクルス島　住まい外観　　　　　　　　中庭

　ガラパゴス滞在中の住まいは、浴槽こそないがシャワーからは温水が出る。トイレは水洗だが、紙を流すことは不可であり、万一失念して流してしまうと電気系統に支障が出て停電した。

　広い中庭はコンクリートで覆われ、その下は浄化槽であった。洗濯排水もここに流れていく。

　サンタクルス島プエルトアヨラ居住区では70％以上浄化槽が設置されているという。農業地の商店のトイレも水洗で、水源は雨水貯留であった。家屋がまばらなのでセプティックタンク（腐敗槽）と思われる。

イサベラ島　牧場　右手に住まい　　　　　フロレアーナ島　どちらも水洗トイレ設置

　人口と観光客の増加に伴い、上水問題（p.47〜48）と併せ課題が増えている。些か古いが、2005年のJICAによる汚水対策の現状報告がある。当時のサンクリストバル島の下水道普及率は 50％だが、工事完了後20年が経過した。イサベラ島の下水道普及率は 60％ 、その半分は20年が経過し、管渠の老朽化で、汚水漏れが生じているとある。浄化槽もまた破損が発生し、さらに生活排水の地下への浸透が懸念されている。水質汚濁解消は、最も重要な問題である。

　サンタクルス島では水質モニタリングを受け、2011年上水道水源やボートの整備場所を丘の上に移動した。ボートの使用済みオイルのリサイクルも実施予定である。

　下水道がない地区のセプティックタンクは、下水道の整備が進んだとしても、改めてコストをかけることに、住民はほとんど便益を感じない可能性があるという。

　ガラパゴス諸島だけでなく、下水道が敷設されている本土でも紙は流さない。世界には紙を使わない習慣の国や、紙を焼却する方式などいろいろある。

イサベラ島　海が至近のホテルの浄化槽

フロレアーナ島　ホテル　敷地の角まで伸びるパイプ

サンクリストバル島　管渠へのアシカ侵入防止柵

生活排水が流入する水路　右手はすぐ海

（3）　土木工事関連

　溶岩も用途があり採掘している。フロレアーナ島では手掘り、サンクリストバル島はブルドーザーが稼働し大掛かりだった。サンタクルス島の採掘場は北部に2カ所ある。イサベラ島ではブロック製造現場に遭遇した。

フロレアーナ島　採掘現場　フルイで大きさを選別

砂粒のグレード

サンクリストバル島　採掘の山（p.197）と運搬車
道路左手一帯は飛行場

イサベラ島　早朝のブロック製造工場

参考【小笠原諸島の廃棄物】　2013.11撮影　　　　　　人口：小笠原村2,629人（2020.1）

　小笠原諸島の廃棄物は東京都の収集体制であり、焼却炉が稼働している。

父島　ゴミ収集　二人体制は都内と同様　　　　　焼却炉と最終処分場

　下水道は都内とは異なり、雨水と汚水の分流による。父島浄水場は人口増と扇浦の施設老朽化（2011津波に遭遇）のため、新施設を建設中であった。

マンホール　大：雨水　　　　　　　小：汚水　　　　　　　　オカヤドカリの道路標識
サンゴとイルカの親子柄

稼働中の浄水場（扇浦）　　　　　　建設中の浄水場（標高45m）2015.3.27竣工

3 ガラパゴス異聞－戦争の痕跡

　ガラパゴス諸島の玄関であるバルトラ島空港の滑走路は島のほぼ南北方向、東西端に各々１レーン設けられている。現在西側は、エクアドル軍が使用、東側に国内線が発着する。これは第二次世界大戦時、日本軍のパナマ運河侵攻に備えてアメリカ軍の基地が設けられた際の名残である。

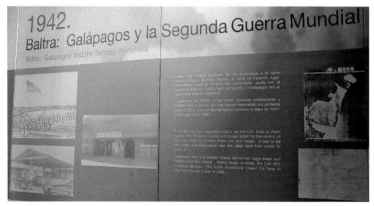

「1942. バルトラ：ガラパゴスと第二次世界大戦」
SCB　インタープリテーションセンター展示より

DVDジャケット

　フィールド調査に出かけたサンクリストバル島のインタープリテーションセンターで見た展示物に、「1941年12月真珠湾攻撃に衝撃を受けたアメリカは日本軍のパナマ運河侵攻に備えて、1942年バルトラ島に急遽基地を設けた。わずか３カ月で工事を終え、B24を着陸させた。1947年に基地は閉鎖、1949年に返還された」という解説があった。

（参考：1941年12月 日米開戦（太平洋戦線）、1945年９月 第二次世界大戦終結）

　サンタクルス島では 2004年制作のドキュメンタリー作品『 THE ROCK／GALAPAGOS IN WORLD THE WAR Ⅱ 』というDVDを店頭に見つけた。戦闘機がデザインされたジャケットは戦争礼讃にも見え、あるいは日本との戦闘や悲惨な過去を見るのではと想像し、悩み、ためらい、何度か通った後に購入した。

　DVDには ♪ムーンライトセレナーデ♪ の音楽が流れる中、従軍した兵士たちが60年ぶりにバルトラ島を訪れる光景があった。

　基地は BETA BASE（ベータ基地）といい、パナマ－エクアドル本国（サンタエレナ半島・サリナス）－バルトラ島を結ぶプロテクティブ・トライアングル作戦で、パナマ運河を防衛した。当時パナマは、運河両岸の永久租借地にアメリカの軍事施設がおかれ、中南米を睥睨する拠点となっていた。アメリカ海軍の艦艇は、パナマ運河を航行可能な大きさで建造された。

　バルトラ島は南北に８km、面積 27 km^2、標高は最高で100m（南東部）、全体は台船のような島である。アメリカ軍は真珠湾攻撃（1941（昭和16）年12月８日）のわずか５日後にバルトラ島に到着し、通信塔をはじめ、桟橋、兵舎、貯蔵庫などのほか２本の滑走路を造り、またレクレーションエリアにはビアホールやボーリング場、劇場などを整えた。島全体が基地となった。

ガラパゴスと大陸　パナマを結ぶプロテクティブ・トライアングル（推定）
キトーアトランタ　航空機内のムービングマップより作成

　工事は３カ月、当時で800万ドルの費用を費やしている。パナマ運河が真珠湾と同じように襲撃されまいと対応したアメリカの危機管理、周到さを窺い知ることができる。

　フラミンゴが大勢の兵士たちのすぐわきで泰然と動かず立っている場面や、ウミガメにまたがる兵士の姿の場面、また兵士がリクイグアナのしっぽを引っ張っているイラストがある。それら希少な生物保護のため、４平方マイル（約10 km²）の区域から動物を追い払うよう記された通達書もある。

　基地は当初99年間のリース契約であった。「99年とは永久に去らないことを意味する」とエクアドル軍将校は述べている。長期間の占有のため、アメリカ軍は熔岩の島バルトラ島に、大陸のエクアドルと同等の舗装道路をつくった。

　また、イタバカ海峡は艦船発着のため、島の北部に分水施設および配水管を設置し、週に二度船で水を運んだ。当初パナマから水を運んでいたが、サンクリストバル島には諸島で唯一の淡水湖・エルフンコ湖があり、その水を利用するため、港に給水施設を造った。バルトラ島から60マイル（約100km）隔たったサンクリストバル島には兵士の衣類が送られ、島では洗濯業がにぎわったという。

　アメリカ軍の第29飛行分隊はパトロール機に11人で乗り組み、1,000マイル（1,600 km）もの距離を毎日巡った。爆撃訓練はサンティアゴ島東側のバルトロメ島海域で、ピナクルロックを標的に実弾が落とされた。山中への墜落事故もあり、60年ぶりに飛行機の残骸を探すシーンもあった。飛行機部品を回収し、利用している島民も登場した。

　2010年10月27日バルトロメ島周辺海域から爆弾を引き上げたというニュースが報じられた。この日のバルトロメへのデイツアーではナチュラリストガイドが島の奇岩を前に「パナマ運河うんぬん」を説明したという。

参加者の一人は「パナマ運河防衛よりも、中南米覇権拡大のため米国がバルトラ島基地設置をする口実ではなかったのか」といっていた。

　諸島において、ナチュラリストガイドは地理・生態・進化など自然に関わる解説以外は原則行わないが、爆弾の発見が説明に結び付いたようだ。

ピナクル ロック

島の中央部低地は砂浜で左右地続きである　左側に上陸すると周囲を眺望できる

頂上へ至る木道　　　　　　　　　　　灯台

　ガラパゴスでの基地建設はアメリカ軍の過剰防衛ではなさそうである。日本側の諸記録には「伊400型」潜水艦2隻に、戦略爆撃機（乗員2名）を3機積載し、パナマ運河爆撃を計画したとある。

　パナマ運河建設に参加した、ただ一人の日本人、青山 士（あきら）は大戦のさなかに、海軍関係者からパナマ運河の閘門爆破計画の相談を受けている。青山が手掛けた閘門はカリブ海側のガツン閘門であるが、どこにしても破壊はしのびなかったろう。

　戦後米軍により研究し尽くされたのち沈められた「伊400型」は、2013年ハワイ大学海洋調査研究所によりオアフ島沖海底で発見された。原子力潜水艦が建造されるまでは世界最大級、無給油で地球を1周半連続航行する能力があったという。

　第二次世界大戦終結後、パナマと同様の経緯を望まないエクアドル大統領ベラスコ・イバラは明け渡しを請求した。それによりアメリカは建物や施設を破壊、軍用車をはじめ生活用品などを海に投棄し、1949年に占領は終わった。

　こうしてバルトラ島は再び人が住まない島になった。2004（平成16）年当時は年間6万人が来島、DVDではバルトラ島のにぎわいは9～14時まで、その後は砂漠となると表現していた。バルトラ島は確かにその通り、しかしにぎわいは他の島に拡散していく。

　最も多い時には2,500人近くの将兵が駐屯していた島は、基地撤収で人は去ったが、リクイグアナもまたいなくなってしまった。基地による生息地の減少と、大勢の人間の居住時にペットとしてイヌやネコ、家畜のロバやブタなどが移入され、生存が脅かされたためである。

　バルトラ島の空港からイタバカ海峡に向かうバス道の両側には、間をおいてコンクリートの四角い区画が現れる。建屋の基礎部分である。2本建設された滑走路は今も使われている。

　別の資料には、アメリカ軍のガラパコスからのパトロールが、パナマ運河を敵の攻撃からかわしたと記録されていた。

西岸の様子

フェルナンディナ島　プンタエスピノーサの浜

　「The Rock」では米軍が投棄した軍用車のエンジンを、サンクリストバル島の住民が利用した話が出てくる。また車と思しき残骸を元兵士たちが眺めているシーンがあり、昔日のものと思わせる紹介がある。この場所はフェルナンディナ島の海岸で、諸島の周囲の海流を考えると、ここに流れ着くはずはない。

【ある時船が高波で流され浅瀬に座礁した。船体は出来る限り回収したが、エンジン部分はクレーンのような重機がなければ撤去が困難なため放置された。その後火山活動により海底が2mほど上昇した際に残骸も上昇し、ここに形をとどめている】

　　　　　　　　　　　　　　　　　　　（エクアドル　メトロポリタンツーリング社・谷口秀夫氏）

　「The Rock」以外にも基地に関する記録がある。毎年練習航海を行っている東京水産大学（現・東京海洋大学）海鷹丸船長・小沢敬次郎がサンクリストバル島での見聞を記している。基地撤退後わずか10年の時期で、貴重な資料であるため、以下引用する。

【1942年，第2次世界大戦にあたり，パナマ運河防衛の為，アメリカ合衆国はガラパゴス群島に空軍および海軍基地を建設する権利を得て，Baltra 島に空軍基地を，またFloreana島に衛星基地を建設したが，大戦の終結とともに1946年，エクアドル国に返還した。

Baltra島のCaleta Aeolianは水上機基地であり，桟橋があり，繋船浮標も設置されていたが，現在は荒れはてている。この島には相当数の軍人とその家族が一時は住んでいた。

彼らの使った兵舎，士官住宅，大きな地下の水タンク，油タンクなど草に埋れ，また家屋は土台だけが各所に残ってその跡をとどめている。この群島唯一の舗装道路もここには縦横に走っているが，今では荒れて，目割れし，土砂を被り，雑草が生え，嘗て兵隊が口から吐き散した西瓜の種から伸びた蔓からは西瓜が自生して転がっていた。これらの木造建築物から取り外した材木はすべてEcuador の軍艦によってBaquerizo Morenoに搬ばれ，知事公館，教会そして街が出来上った。搬んできた鉄管は未だBaquerizo の砂浜に放り出されていた。ガラパゴス群島の首都Baquerizo Morenoは第2次大戦後にこうして生れた街である。

〜略〜

給水は殆んど不可能である。Baquerizo Morenoには奥地からpipingにより送られている水道はあるが量は少なく，桟橋の先の給水栓から一昼夜1キロ立ほどの補給しか得られない。Baltraの旧米軍施設には地下貯水タンクが残っているが，当時は大陸からタンカーによって補給したという。】

4 ナチュラリストガイド

2010年にガラパゴス諸島内で訪問できたのは、居住区である4島と、調査対象場所の情報収集のため、クルーズ船で回った、ヘノベサ島〜イサベラ島（タグスコーブ）〜フェルナンディナ島〜サンティアゴ島〜バルトロメ島である。

クルーズ船では、乗船時には船内案内と避難訓練、ウエルカムパーティー、別の日には上陸地に合わせて「火山とプレートテクトニクス」の学習があった。また、サンティアゴ島へ向かう夜は赤道祭りをするので、0時に操舵室に集合と声がかかった。

乗客が全員集まったのではなさそうだが、狭い室内にひしめき合ってシャンパンで乾杯。暗闇の右手にウオルフ火山のシルエットが迫り、空にはカシオペヤが輝き、「ほらM！」とナチュラリストガイドが登場した。「日本ではW！」と返した。

このツアーでは赤道を4回も越えている。乗客をいかに楽しませるか、工夫を凝らした演出に感心した。最後の夜のフェアウエルパーティーは、乗員総出の宴である。

2011年はデイツアーを初めて利用、ノースセイモア島とサンタフェ島に出かけた。国立公園内では16人に一人、ナチュラリストガイドを付ける義務がある。

　デイツアー、クルーズ船とも、参加者数に応じて、ナチュラリストガイドが乗り組んでいる。16人という人数は、様々な実験によりナチュラリストガイドの目が行き届き、説明も聞きやすいと判断された人数という。

ヘノベサ島　エコクルーズ　　　　　　　　　　イサベラ島　地元で活動するナチュラリストガイド(左端)

　ナチュラリストガイドは全体を完全に掌握している。

　デイツアーでは大きなカメラを抱えた人たちは自分だけのショットを狙って、遅れる。列から離れる。踏み入ってはいけない場所に踏み込む。すかさず注意が飛ぶ。地面は全部歩けると思っている輩は、なぜいけないんだと食って掛かる。注意は繰り返され、ナチュラリストガイドがあきらめることはない。観光客は、主張はするがそれ以上のことはなく、いい写真が撮れたらラッキーという乗りである。

　一般的な参加者は、行動に節度がある。例えば、予期せずして動物が近づいてきたとき、距離を保とうと離れようとする。ガラパゴスが世界に占める位置、重要性が、訪問者にもおのずと伝わり、自己規制できているようだ。

　ナチュラリストガイドは観光客にガラパゴス諸島の生態系や歴史などを紹介し、さらに観光客が公園内のルールを遵守するよう指導・監視する。また、公園管理局に対する報告も行う。

　ナチュラリストガイドは力量により3段階に分けられる。次のステップに精進する様子には感心する。デビュー間もない新人は揺れる船の中で「ダーウィン本」を読んでいた。若い人が就きたい職業として、世界遺産の島ならではの職種だと思う。フロレアーナ島からサンタクルス島に戻る船には、この日が初仕事というナチュラリストガイドの両親が乗船していた。彼はこの日、シュノーケルのインストラクターとして、両親の期待に応えていた。

　ツアー船の管理は国立公園管理局により、一日の上陸者数、滞在時間が定まっている。ヘノベサ島には100人もの客が乗船する大型船は許可されない。小型船によるデイツアーでも、サンタフェ島に上陸できるのは一日2隻、それ以外の船は目的地は同じでも錨を下ろして停泊し、シュノーケルの体験をするのみである。

ガイド制度は1975年に始まる免許制度である。国立公園管理局とチャールズ・ダーウィン財団により運営され、エコツーリズム推進の担い手ともなっている。日本でも普及していくことが望まれる。

手前：ヨウガンサボテン　パホエホエラバ（縄状溶岩）　砂浜を植物が這う　国立公園の標　境界の杭　これより左側砂浜は進入禁止である　マングローブ林　ボリバー海峡を隔てて、向かいはイサベラ島

　上記写真の左側の船は次の目的地に向かっている。右側に停泊しているのは、フェルナンディナ島に上陸した私たちの船。上陸地は右の木々の付近、船と島の間はゴムボートにより往復する。以下は上陸した際の素敵な出来事である。

　浜には私たちが上陸するのを、波打ち際に向かって一列に並び、座って待っていた先客がいた。そのマナーに感激した。もちろん、ナチュラリストガイドの指示に従ってのことであろう。待つ間の逍遥やざわめきは一切なく、島の観客は交代した。挨拶を交わすことすら、ためらわれたほど静かな場面であった。

自然は自然　あるがまま　ヘノベサ島のアシカ

　国立公園の碑の左側、オオグンカンドリのひなが一羽、親鳥の帰りを待っている。その巣の後方に
アシカの最期の姿を発見した。マネシツグミとヨウガンカモメが、何かを突ついている。「死」が曝
され、そして他者のいのちの糧となっていた。まさしく教育映画に登場しそうなシーンである。観客
は私ただ一人。

　自然分解は日本では放置として非難の対象になるだろうが、「ガラパゴス」では自然に対峙する姿
勢があった。

サンティアゴ島で尾が傷付いたアシカを見たとき、レスキューについてナチュラリストガイドに尋ねた。アシカの習性で漁船に近付き過ぎ負傷するという。彼は「自然のまま」と答えた。

　ヘノベサ島のアシカに触れると記憶をたぐりよせ「死んだのは9週間前だった」といった。彼はそのころ島を訪れ、目撃していたのだ。

　バルトロメ島では上陸地点の階段を上がったトレイルの手すりの向こうに、アシカの遺骸が2体あった。こんなところにとは思ったが、不思議なことにジメジメとした感情は湧かなかった。

　遺骸を見るのが2度目だからではない。ガラパゴスの陽と風の成す技に「自然は自然」と感じたから。誰もが、言葉を発することはなかった。ヘノベサ島の個体はまだ変化していくようだ。

バルトロメ島上陸地点

手すりの向こう側には

　実は以前にも動物の死を一度見ている。イサベラ島シエラネグラの、登山口周辺の草原の少し奥の方に、ブルーシートが広げられていた。近寄ってみると、そこにはチョコレート色の毛に覆われた塊が3体あった。毛は長く頭部はない。何であるか聞くこともせずその場を離れ、写真は撮らなかった。

　サンタクルスに戻ってから JICA の隣人に尋ねてみた。「ヤギでしょう」という。駆除が終わったという島でも、まだ生息していたのだ。例え一頭でも見逃してはならない。

　血の匂いは一切なかった。適切に処理された後、運び出す寸前のものと思われる。滞在中に地元の人が利用するレストランで食事をとったが、たぶん食材（スープ）として提供されていたと思う。

5 ゾウガメの絶滅と植生回復 ―今、ピンタ島では

　ダーウィン研究所の屋外展示を動物園と同じように思っている見学者がいるようだ。園内をめぐると、確かにゾウガメを見ることができる。2010年当時、繁殖プログラムによりピンソン島、サンティアゴ島、エスパニョーラ島の、それぞれの種の子ガメを飼育中であった。ピンタ島のただ一頭の生き残り、「ロンサムジョージ」の姿もあった。

　子ガメもロンサムジョージも、繁殖プログラムによる飼育であり、保護すべき種が管理下にあった。その他は市中でペットとして飼育されていたものが、ダーウィン研究所に保護されていた。生育地が不明で、種が判別できない個体で、見学の際身近に観察できるのはこの群れである。諸島で見られるゾウガメの種のすべてが展示飼育されているわけではない。

発信器を付けた個体

ヤギのフン　サンクリストバル島
白〜褐色まで各所にあった

　ピンタ島ではヤギの食害による植生回復のために、ゾウガメに種子をばらまくという役目を付し、2010年5月、国立公園管理局（PNG）が39匹を再導入した。

　ピンタ島でゾウガメが自然状態絶滅したのは、人間が持ち込んだヤギが野生化し、ゾウガメの食料である植物を食べ尽くしたためである。1954年に放たれたヤギは3頭であったが、1979年の駆除数は40,000頭超、島の植生を破壊していた。飲まず食わずでも数カ月は生きられるというゾウガメであるのに、ヤギよりも動きが遅いために生存競争に敗れ、わずか一頭になってしまった。

　PNG職員は「狙いを定めなくとも銃を撃つだけで、いくらでもヤギを駆除できた」という。生息密度が高いという話題は小笠原諸島母島にもあり「昭和60年、小笠原諸島・母島東側の岸の崖の上にヤギの大群が集まり、まるでこちらを睨んでいるようだった」と当時、海上自衛隊護衛艦の艦長だった旧友から聞いている。

　また1959年、海鷹丸調査隊がサンタクルス島北側で野営地を探索している際にヤギの群れと遭遇、新野は「凹地に結晶した食塩を食べに来ていた」と記し、さらに内陸に進み陸上動物の調査を担当した関口は「想像を超えたヤギの繁殖ぶり、ヤギの足跡とヤギの糞を見ない場所はなかった」「“爬虫類の島”といわれているガラパゴス諸島は、今やヤギの島と変わってしまっていることを身をもって知った」。さらに「ヤギに君臨されているといっても仕方のないような印象を受けた」とも記している。駆除実施に至る10年以上前のことである。

ピンタ島では2003年にヤギの駆除に成功してから、島の植生は急速に回復した。しかし、元の生態系を回復させるために、大型の種子散布者であるゾウガメの存在は必要不可欠で、数年前から再導入を検討していたそうだ。保護されていたゾウガメを、繁殖しないようにしたうえで GPS やテレメーターを装着し、島へ運んだ。写真の個体には背中に発信器が付いている。ゾウガメの再導入により何か問題が起きないか、モニタリングを続けている。

ピンタ島に再導入されたカメは、いまだ厳しい環境の中で生きている。彼らが植物の種子を散布し、植生が復活する。植物だけでも本来の姿を取り戻せる日が来ることが待たれる。

6 ヘビとウミイグアナの私的考察

英BBC放送の自然番組『プラネット・アース』の映像に、生まれて地上に出たばかりというウミイグアナがヘビに襲われる場面がある。フェルナンディナ島の海岸で、ウミイグアナが頭をのぞかせ、砂の中からバッと現れるさまは劇的である。ウミイグアナの逃げ足は驚くほど速い。集団で追いかけるヘビは細身で、どこまでも長く、そして多数いて、容赦ない。直視できず、思わず目をそらす。しかし、画面を見ていて疑問が生じた。この映像は本当に自然界で起きた出来事だろうか。

第一は、一つの巣穴から孵るのは一個体とは限らない。産卵は1〜6個のようだ。撮影された個体は偶然一頭だったのか。そして第二の疑問は、孵化直後で、これほど運動能力があるのだろうか。

番組案内にある姿では、個体の体表面は、皮膚が発達しており、全体は黒っぽく、一部赤味を帯び、クレストが発現し始めている。ヘビから逃れようと動き回る個体とは別物の宣伝用かもしれないと思ったが、フィルムを見る限り同じような月齢に見える。

先ずは手持ちの写真から検証を試みる。なお、成体の立派なクレストや命名の由来は p.132を参照されたい。

表19 ウミイグアナ比較

写真番号	島名	クレスト（首〜背の突起）	成長の度合い（主観）
写真なし	FER	すべてビーズ状	生まれたてと説明あり
1，2	ISA	ビーズ状　背：ひも状	生後間もない
3	SCZ	出現初期　背：やや分岐	幼体から若い個体へ中途
4	SCB	首も背も明らか	若い個体
5	FLO	かなり伸長	若い個体　鱗　剥落なし

種名のもとになった「クレスト」は成長に従い首と背中の部位では長さが異なってくる

フェルナンディナ島（FER）では幼体を見ていないが、イサベラ島（ISA）とフェルナンディナ島のウミイグアナは同種である（p.133）。

　放映された画像と同種である、イサベラ島属島生まれ（写真１と２：提供　倉田薫子）をピック
アップし、クレストの変化を追ってみた。

３：SCZ　この個体は首部分のクレストが伸長を始めている　背中はビーズ状　p.138

４：SCBの個体でクレスト発達中　きれいにそろった　p. 138
５：FLO　首部分クレストは長く背の部分は完全に櫛状で成体に近いと言える　p.137

　月齢はISA（１，２）≦　FERモデル＜SCZ（３）＜SCB（４）＜FLO（５）と推測できる。

サンクリストバルの海岸公園でヘビを見たが、あっという間に隠れてしまった。ガラパゴスの動物は人に怖じけることはないというが、ヘビは別なのだろう。

　昔の川の堤にはマムシの巣があると聞いたことがある。採餌は単独行動と思うが、FERの海岸では集団行動している。人が立ち入ることのない海岸だったから、ヘビは大繁殖したのだろうか。たくさんのヘビは、何を食しているのだろう。不思議満載のヘビである。また、この海岸をウミイグアナが営巣地として選ぶだろうか、という疑問も湧いてきた。

　この考察は根拠の薄いものかもしれない。国立公園管理局やダーウィン研究所によりなんらかのデータが提供されることを期待する。また、ウミイグアナに限らず、不明なことが多々ある中、ガラパゴスへ出かけた方々が写真を持ち寄り、比較し、討議することで、解明されることもあると思う。

参考：

FER　トップのクレストは波打っている

ESP　クレストにも発色あり p.137

お楽しみ画像　イグアナ　ウォーク

愛されるキャラクター　サーフィンショップの外壁

　p.135の幼体付近で撮影した写真を拡大する。昆虫やサワガニの例では孵化後しばらくは群れている。ウミイグアナも同様ではないかと考える。と、こう書いてから、ではウミイグアナ成体の集団日向ぼっこはどう説明したらいいか〜説明はつかないことを思い知った。

手すり（高さ80㎝程）の向こうは海水が入り「*Triaenodon obesus*　ネムリブカ」の群れが休息中

7 再生可能エネルギー

　第1章ガラパゴスのエネルギーの項、p.40～43に関連しての追記である。すでに京都議定書に代わる国際的な枠組み（パリ協定）が存在するが、2010年当時の過渡的状況を記す。

　温暖化防止京都議定書12条によるクリーン開発メカニズム（CDM=Clean Development Mechanism）事業は、先進国と途上国が共同で事業を実施し、その削減分を投資国が自国の目標達成に利用できる制度である。日本の事業者が平成21～22年度（2009～2010）、ガラパゴスにおいて風力及びジャトロファ油を用いたコジェネレーションCDM事業調査を実施した。ERGAL（ Energia Renovable para Galapagos ）が主体となり、エクアドル政府はMAGAP（農牧水産省），INIAP（国立独立農業研究機関）がジャトロファの生育及び搾油方法についての情報収集を行った。

　ジャトロファは和名ナンヨウアブラギリ（ *Jatropha curcas*・トウダイグサ科）といい、樹高は1～5ｍになる。メキシコからグァテマラに自生し、熱帯地方では植栽、逸出により生育地を広げている。ガラパゴスではサンクリストバル島、サンタクルス島、フロレアーナ島に分布する。土質や気候に左右されず、従って農作物とは競合せず、しかも50年にわたって収穫できるという。

　CDM事業により本土沿岸部のマナビ州（グアヤキル北方）で栽培すれば、地域開発による貧困対策になるが、搾油したものを運搬することは、石油燃料と同じ過程であり、負の部分が生ずる。

　フロレアーナ島におけるパイロットプロジェクトでは栽培コストの算出を試みたようであるが、生物多様性のリスク低減の観点から、バイオ燃料は見送りになった模様である。

　サンクリストバル島では、ドイツの企業によりプランテーションではなく、農家の生垣から集荷、搾油し、すでに2014年に発電の報告があると宮川セシリアさんより情報を得た。

既存の生垣を拡大したのだろうか。サンクリストバル島の農地ゾーンではメインの通りを何度か通り過ぎただけで、何も目にしていないため、状況は一切把握できていない。アフリカで栽培事業を試みた旧友の話では、「植物由来による成分の問題及び軽油と競合する価格の問題から事業化が難しい」ということである。地産地消に限定され、製品の移動は採算が取れないと思われる。

　地球温暖化は対策によって歯止めをかけられるものではない。気象変動による災害を食い止めるため、どこであっても取り組まねばならない問題であることを忘れてはならない。

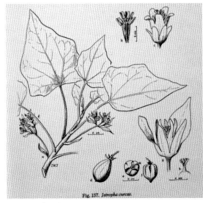

図19　ジャトロファ *J. curcas*
　　　Flora Galapagos p.591より

参考：サンゴアブラギリ（園芸種）*J. podagrica*

参考：ガラパゴス諸島の風力発電・太陽光発電

　再生可能エネルギーについて、現在把握できたものを記す。

バルトラ島で起電しサンタクルス島へ送電

風力　3基（2.25 MW）　フェーズ1　　　2012.3

風力　7基（5.25 MW）　フェーズ2　　　2014年予定だが不明

太陽光　（67 kw）、出力安定化システム（総容量4.25 MWh）

隣接地の風力発電（総容量 2.25 MW）の出力安定化　2016.1

サンクリストバル島　　風力　3基（2.4 MW）　2007

フロレアーナ島　　　　太陽光 30 KW　2007(南米初)

イサベラ島　　　　　　太陽光 500 KW（詳細不明）

　観光のかなめバルトラ島のセイモア空港は、空港カーボン認証（ACA）プログラムのもとで、最高位の認証を2018年に取得、エコ空港となった。

図20 再生エネルギー目標
　　　インタープリテーションセン
　　　ター展示より

第五章
海鷹丸のガラパゴス

1959

南極OB会「南極50周年記念事業 記念絵葉書」より

　日本において、ガラパゴスが知られるきっかけとなった「海鷹丸による学術探検」には、まとめとなる総合的な報告書が存在しない。練習航海という位置づけが前提にあったためと思われる。

　入手した資料「表 20〜24」のほか、資料内容に付随したもの、裏付けとなるもの、および現地で見た展示などを参考に当時の状況を記した。

1 埋もれていた記録

東京水産大学百年史通史編によると、海鷹丸の出帆は1959年10月27日、帰航は翌年2月27日で、ガラパゴスには12月3日から7日間、及び1960年1月10日から10日間、海域も含め通算17日間とどまった。通史には以下のように記された。また朝日新聞社提供の写真が5葉掲載されている。

ガラパゴス諸島調査航海（昭和 34. 10. 27 ～ 35. 2. 27 ）

【昭和34年10月27日から35年2月27日にかけて、海鷹丸II世によるガラパゴス学術調査航海が行われた。この航海の主目的は12月3日からの7日間及び1月10日からの10日間にわたる2回のガラパゴス諸島の調査であったが、同時にエクアドル、ペルー沿岸の生物調査も目的としていた。エクアドル共和国領ガラパゴス諸島はダーウィンが120年前、その生物相に心を打たれて進化論の構想を練り、これが名著「種の起源」となった島である。また、ガラパゴス諸島付近は湧昇現象が顕著であるとともに、フンボルト寒流が島の裾を洗って赤道直下にふしぎな寒流の影響を生み出している海域である。新野弘教授が調査団長となり、学内、学外から3名ずつの調査団員が乗船した。調査団が最も興味を示したのは島の動植物であり、ダーウィンが「ノアの大洪水以前の世界だ」と驚いた陸カメ、海トカゲなど爬虫類の調査であった。また、エクアドル共和国では大統領みずからがこの調査を支持するという行為を示し、同国キート中央大学とグァヤキール大学から8名の学生が調査に参加し海洋調査に当たった。なお、この報道のために朝日新聞から2名の記者も乗船した。海鷹丸の船長は小澤敬次郎助教授であった。】

1959年のサンクリストバル島　空中写真と海鷹丸航跡など

サンクリストバル島は、ダーウィンがガラパゴスの地を踏んだ初めての島である。

1959年12月4日、新野、関口、小野ら数名は、ガラパゴス諸島初のフィールドワークに出かけた。プログレッソまで6kmほどの道のりの半分は、島に2台しかないトラックを利用、途中から徒歩であった。当時道路は舗装工事中であり、未舗装部分を歩いたのだろう。標高 300mへ着くと、荒涼とした海岸部とは異なった天地が開け、安らいだという。植物（ブルセラ、パーキンソニア、ハシラサボテン、セイロンベンケイソウ、アザミゲシなど）、鳥（フィンチなど数種）昆虫（キチョウ、カバマダラ、シジミチョウ、セセリチョウ）を記録している。目にしたものを書き連ね、採集にも勤しんだ。

第四章トップにある施設、インタープリテーションセンターには居住区4島の空中写真が展示されている。空中写真はサンクリストバル島 1959年、イサベラ島 1960年、サンタクルス島 1963年（p.38）、フロレアーナ島 1980年で、近年の映像はすべて 2007年に撮影されている。

サンクリストバル島が撮影された 1959年は、海鷹丸が寄港した年に当たる。港の桟橋や街区が窺え、道路は内陸へ向かって伸びている。

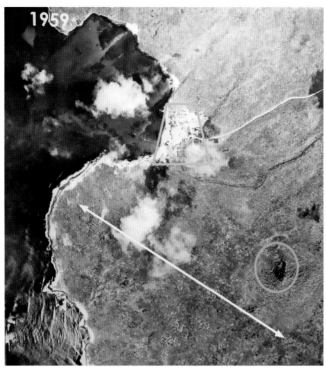

黄緑：街区・バケリソ モレノ　　緑：旧街区～プログレッソまで6km　2007年　町の拡大は著しい
【参考】黄色：滑走路（推定・2km）　青：熔岩掘削地（p.178）

　下図は海鷹丸がたどった航跡である。第一次調査はサンクリストバル島、バルトラ島、サンタクルス島、サンティアゴ島に上陸した。その後グアヤキルへ向かう航路は、ピンタ島とマルチェナ島を周回しているが、紀行文では一切触れられていない。

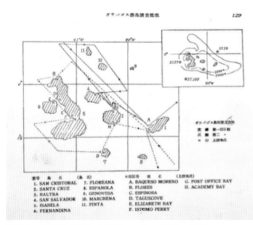

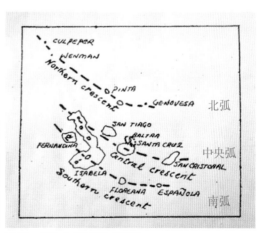

図21　海鷹丸航路　実線：一次　破線：二次
　　　新野 地学雑誌（次頁表20の7参照）

図22　ガラパゴス諸島の配列
　　　小沢「航海」（次頁表20の9参照）

諸島を地形的、地質的に配列をすると、島弧は3列になる。海鷹丸の航路から中央と南弧の各島々には上陸していると分かる。北弧の島に上陸予定を組めなかったのは時間的に難しかったのか、あるいはどの島も上陸が難しく断念したのだろうか。

北弧には五島あるが、どの島にもヘビは生息しないことが、現在報告されている。

表20　海鷹丸調査報告

	著者	発表時	タイトル	媒体
1	小沢敬次郎	1960.3	「ガラパゴス群島の錨地および錨地海底の水中写真」	日本航海学会 *
2	岡田 峻	1960.4	「51 – Day Voyage to Galapagos Isles」	中央大学新聞部
3	新野 弘	1960.4	「ガラパゴス群島調査報告」	東京水産大学新聞
4	新野 弘 他	1960.5	日本貝類学会	関東支部例会
5	小沢敬次郎	1960.5	「海鷹丸第12次南米方面練習航海記」(1)	東京水産大学 **
6	新野 弘 他	1960.6	世界の旅・日本の旅 No.11「特集ガラパゴス群島」	修道社 ***
7	新野 弘	1960.7	「ガラパゴス群島調査概要」	地学雑誌 ****
8	小沢敬次郎	1960.8	「海鷹丸第12次南米方面練習航海記」(2)	東京水産大学
9	小沢敬次郎	1961.9	「ガラパゴス群島事情および同群島周縁の航海について」(1)	日本航海学会「航海」*
10	新野 弘	1962	「ガラパゴス群島」世界地理風俗大系　第5巻	誠文堂新光社

* 1は帰航直後、日本航海学会での口頭発表と9にある。9は報告(1)で目次のうち項目「1～3」の掲載である。「4～6」の続報(2)はなく、口頭発表で報告済と扱ったと思われる。

** 白鷹丸による南米航海が戦前に計画されたと記されている。ガラパゴスが含まれていたかどうかは不明である。

*** p.49からp.106の本文が調査隊員の寄稿である。これを全体報告書と見做し、精査した。

**** 新野はこの報告において「この概報は大雑把な観察記に過ぎず、各専門分野に就ては近日中にそれぞれ専門家によって東京水産大学研究報告中に記される予定である」と述べている。

表21　「世界の旅・日本の旅」掲載内容

掲載頁	記事内容	執筆者
p.47	特集トップページ　タグスコーブに上陸	
p.48	ガラパゴス群島地図・海鷹丸航路図	
p.49	ガラパゴス群島調査行	新野　弘
p.62	島の動物たち	関口晃一
p.74	ブルセラの木	小野幹雄
p.83	ガラパゴス潜り歩る記	宇野　寛
p.90	バカラオ釣り	小倉通雄
p.93	熔岩の島の人々	岡田　峻
p.95	ポスト・オフィス・ベイ	小沢敬次郎
p.98	私の旅行記	三浦昭雄

表 22　「世界の旅・日本の旅」写真一覧　（太字は表題）

掲載頁	写真内容	撮影者
p.8〜9	**ガラパゴスの動物たち**	
	コバネウ・アシカ・ゾウガメ・ウミイグアナ	関口晃一
p.10〜11	**ガラパゴスの印象**	
	熔岩の割れ目とブルセラの木	三浦昭雄
	フラミンゴ・大型ベラとモンガラカワハギ科の魚	宇野　寛
p.12〜13	**ガラパゴスの海の底**	
	アシカ・アオウミガメ・バカラオ・ブダイ	宇野　寛
	ヤギ類（サンゴ虫類）が扇子のように広がる　4地点の水深、透明度の記録	
p.14〜15	**熔岩とサボテンの島・ガラパゴス**	
	オンスロー島（＊FLO島岩礁デビルズクラウン）ハシラサボテン	宇野　寛
	イサベラ島エリザベス湾岩礁のウチワサボテン	関口晃一
	イサベラ島タグスコーブ南に広がる熔岩原と火口湖	三浦昭雄
	サンタクルス島アカデミー湾ウチワサボテン	小野幹雄
p.64〜65	**ガラパゴスの動物たち**	
	ガラパゴスペンギン・カッショクペリカン・ゾウガメ	関口晃一

＊　筆者補完

　小野によると、10月19日朝日新聞に団員の紹介が掲載されるや、全国から「サボテンの種子が欲しい」、「土を取ってきて」、「水を集めて」、「ウミトカゲのフンを拾ってきて」などの要望が相次いだという。中には容器や資材、金子まで届ける輩もあったようだ。

　また新野「ガラパゴス群島調査行」中には

【フェルナンディナ島　エスピノーサ岬に上陸し、奥地に進むと熔岩塊を越えたところに大きな池があり、中に巨大な鉄タンクが二つ投げ込まれ、その一つには真新しい木栓がしてある。このタンクの周囲を二尺余のメジナが群れをなして泳いでいてちょうど養魚池のごとくである。タンクの中味はガソリンらしく時々米国の鰹船がガソリンを抜いて持っていくらしい。大きな靴跡がそのあたりの泥の部分に印されてあった。ここは海岸から奥へ千メートル位もあるから、どうしてここまで運んで来たものだろうか。まさかヘリコプターではこんな大きいものは運べない。あるいはこの熔岩は戦後の噴火で流れ出し海を埋めたのかもしれない。】

とある。

　これは p.183で紹介した座礁船の一部ではないかと思い、谷口氏に尋ねたところ、間違いないと返信をいただいた。残念ながら資料が残っていないため、座礁の年代、船名は不明とのことであった。1960年当時、すでに可能な限り船体部分は取り払われていたことになる。本文中に米国の鰹船とあるので座礁した船はアメリカ船籍と思われる。

朝日新聞社【聞蔵Ⅱビジュアル】より

　海鷹丸に同乗した朝日新聞記者、カメラマン及び朝日テレビニュース社カメラマンによる報道がある。それらをまとめてみた。

表23　海鷹丸運行

掲載日	見出し
1959. 10. 27	ガラパゴス島へ出発　海鷹丸、調査団のせて（夕刊）
1959. 12. 4	ガラパゴスに着く　海鷹丸いよいよ調査開始
1959. 12. 11	海鷹丸は獲物の山　ガラパゴス諸島　第一次調査終わる
1959. 12. 30	ペルーの海洋調査　成果あげる海鷹丸　魚群は海面だけ
1960. 1. 13	知事も海鷹丸に同乗　ガラパゴス　二次調査始まる
1960. 2. 18	学生ら廿一人　海鷹丸に移る　漂流の富山丸（夕刊）
1960. 3. 11	ゾウガメ君など入園　海鷹丸から　　＊

＊海鷹丸運行に関わる記事の内3月11日分は、上野動物園への動物の寄贈である。「上野動物園百年史」には「ガラパゴスゾウガメ2頭、ガラパゴスフィンチ5羽、カツオドリ1羽」と記されている。記事にはないが伊豆シャボテン公園のウチワサボテン「ガラパゴスキンシウチワ」もまた、海鷹丸からの贈り物である。「元株は東京水産大学より寄贈」と園芸書「サボテン多肉植物330種」（新星出版社．1996）にある。

サンティアゴ島　　　東京水産大学百年史通史 p.538より

　学術調査関係の記事によると第一次調査におけるキャンプは4夜5日で、学生9人の参加があった。気候に恵まれず（6〜12月 ガルア季）、それでも50種ほどの植物標本を得たとある。

　第二次調査のフロレアーナ島では「赤いサンショウモ」を記録し、イサベラ島タグスコーブではトマトを見つけた。動物も魚類・昆虫類・植物も海鷹丸に収容され、甲板はさながら「ノアの箱舟」のようだったと記されている。

表24　学術調査取材報道

掲載日	見出し
1959.10.19	社告　ガラパゴス諸島の学術調査　日本・エクアドルの協力で 　　　七人の調査団員（写真と経歴） 　　　生きている進化論の島ガラパゴス諸島の学術調査 　　　歴史・土地・生物・海域
1959.11.20	世界を揺りうごかした書物　『種の起源』刊行百年 　　　ダーウィンとガラパゴス諸島　進化論に開眼
1960.1.3	ガラパゴス諸島を行く　生物学の聖地ですすむ学術調査 　　　絶滅せまる珍動物　燃える太陽・洗う寒流
1960.2.18	再びガラパゴス諸島へ　黒いゴマ粒の砂浜 　　　無言の行・海トカゲの群　豊かな植物
1960.2.26	さようならガラパゴス諸島　わが漁業移民を歓迎 　　　美しさに滅びゆく陸トカゲとフラミンゴ 　　　ガラパゴスの海に潜る（宇野寛調査隊員）
1960.2.27	海そうを探る（三浦昭雄調査隊員）
1960.3.17	番組表　日本教育テレビ（現TV朝日）での放映案内 　　　「奇跡の島ガラパゴス」　17日午後1:25〜1:55（再放送5:45〜） 　　　「海鷹丸航海記」　　　20日午後1:20〜2:20

航海の証し　モニュメント　Monument

　イサベラ島タグスコーブの岩壁に海鷹丸の名が記されたのは、1960年1月13日のことであった。

　　【‥‥タグス・コーブという入江がある。昔からこの島を訪れる船はその名と月日をここの岩
　　に書いていく。いわば岩のサイン・ブックだ。我々もこの入江に船を入れた。船長が海鷹の名と
　　日付をペンキで書きつけたのはもちろんである。】―小野「ブルセラの木」より―

タグスコーブに上陸　　東京水産大学百年史通史 p.538より

　海鷹丸はフェルナンディナ島を経てフロレアーナ島に向かい、ポストオフィス湾 樽ポストに次頁
のような木の標を残した。

　現在、標識は朽ち果て姿を留めていない。

フロレアーナ島 ポストオフィス湾　樽ポスト

長崎大学附属図書館所蔵　1978.2.17

17. JAN	JAPON
1960	**海鷹丸**
	UMITAKA・MARU

　調査で得られた貝類、魚類、ウミイグアナ、ガラパゴスアシカなどの標本は東京海洋大学・マリンサイエンスミュージアムに展示されている。

　動物・植物を担当した関口・小野両氏の論文など、お二方の業績の中にガラパゴスでの記録が埋もれているのではないかと当たったが、見つけることは出来なかった。

　ガラパゴスに関する記述は、日本動物分類学会誌33号に山崎柄根氏による関口氏追悼文中に

【企画側の隊長にたまたま出会ったことによるもので、偶然がなせるわざであろう、運が向こうからやってきたという運のよい人である。この年の10月、半年の航海に出て行かれた。】

とあるのみであった。

ガラパゴスベニイワガニ

地質学者の観察眼に敬服

【ガラパゴス島の至る処の海岸には赤色で甲羅10糎ほどの蟹が居る。最初に上陸したとき、海岸の熔岩上を前後に歩みまわり、また普通の蟹と同様に左右にも歩くので謂わば将棋の駒ならば「金」みたいな歩きぶりに驚異の目をみはったものだった。尤も後で捕えて砂浜に放って見たら勿論前後にも歩きはするが左右の歩みが主であったから孔の多い玄武岩の特性を利用し、その孔に爪をかけ急斜面をよぢ昇ったわけである】

新野 弘　1960.4　「ガラパゴス群島野調査報告　Ⅳ．不思議な島の生き物」

終章
ガラパゴスに期す

　ガラパゴス諸島の陸域の自然と生物については、西原・伊藤らの「ガラパゴス諸島 世界自然遺産第一号登録地の栄光と挑戦（2008）」に次の至言がある。

　【陸棲哺乳類は小型のネズミとコウモリのみ、ゾウガメ、イグアナに代表される爬虫類は異常に繁栄し、両生類と淡水棲の魚類はいない。植物相では、キク科とマメ科の種類数が異常に多く、熱帯に多いアカネ科は貧弱で、ヤシ科とリュウゼツラン科を欠いている。植物生活形の構成でみると、樹木や低木、ツル植物の種数が異常に少ない。】

　【生態学的な見方に立つと、動物にも植物にもニッチ（生態的地位）に空白が多いことを意味している。このように構成に偏りがあり、種類数が貧弱で、ニッチに空白がある生物相の中で生物進化が進行する。加えてニッチに空白があるからこそ、ただ１種の祖先種からダーウィンフィンチでは13種に適応分散し、スカレシアでは乾燥低地と湿潤高地に15種が進化した。又島ごとに独自の進化も進行した。その結果として、陸上の動物相も植物相も高い固有種率を有し、これもまた島生物の重要な特色である。】

表 25　主な陸上生物群の種数・固有種数・固有種率

区分	種数	固有種数	固有種率 %
シダ植物	107	8	7
被子植物	436	223	51
陸産貝類	83	80	96
節足動物	2,059	1,071	52
爬 虫 類	21	21	100
鳥　類	67	29	43
哺 乳 類	9	8	89

伊藤秀三（2002）ガラパゴス諸島－世界遺産・エコツーリズム・エルニーニョより

逸出したリュウゼツラン

「生物多様性と固有種の関係をめぐる若干の考察」から

　「生物多様性と固有種の関係をめぐる若干の考察」（関口、2015）には海洋島である小笠原諸島、ハワイ諸島、ガラパゴス諸島の生物相の比較の項に興味深い論考がある。

　どの諸島も海洋島であり、その距離は小笠原諸島：東京から南東方向に約1,000km、ガラパゴス諸島：南アメリカ大陸から西方向に約900km、ハワイ諸島：太平洋のほぼ中央に位置し、また地質年代について、各諸島が海面上に姿を現した推定年代は重複していると記述されている。

　生物地理学では、島の面積と生物種数の相関は定説であるが、海洋島には当てはまらないという。つまり種数と面積は比例関係になく（表26）、小笠原諸島を1とした植物・昆虫・鳥類の種数比率は（表27）になる。

表26　海洋島3島の比較

海洋島の名称	小笠原諸島	ハワイ諸島	ガラパゴス諸島
成立年代	200－500万年前	＜55万年前	10－500万年前
面積比	1	100	70
植物種数(固有率%)	441(37)	1,099(86)	566(43)
昆虫種数(固有率%)	1,380(28)	5,161(68)	1,976(56)
陸産貝類種数(固有率%)	104(>90)	1,060(>90)	83(>90)

表27　海洋島3島の種数の割合

	小笠原諸島	ハワイ諸島	ガラパゴス諸島
植物	1	2.5	1.3
昆虫	1	4	1.4
鳥類	1	3.5	4.5

　この表からの考察は、ハワイ諸島は植物・昆虫・鳥類において、種数は最も多く、また固有種の比率は最も高い。しかし鳥類は、ガラパゴス諸島の比率がハワイ諸島を上回る。

　海洋島の基準では約1,000kmの隔絶が条件に挙げられるが、ハワイ諸島の大陸との距離は北米から3,850km　日本から6,500km[*]あり、陸地からの隔絶度は突出している。つまり大陸との距離は鳥類の飛翔に関わる重要な要素であり、ガラパゴスの鳥類比率が多い理由となる。

　＊About The USA 米国の地理の概要―ハワイ

　　http://americancenterjapan.com/aboutusa/translations/3569/より

小笠原諸島父島　枕状溶岩

まとめ

　固有種が出現するということは環境に適応した必然的結果なのだ。このような生物相の構成の中、生物進化は進行していく。初期の記録はいつまでも価値を持つ。ガラパゴスの生き物を通して知るべきことは、まだまだたくさんありそうだ。

　そして、Foster's Rule（島嶼化）という進化生物学、生態学、生物地理学に関する分野には、小動物は島で大きくなるように進化し、大きな動物は小さくなるように進化するという研究がある。さらに植物にも島嶼化は該当し、草本種はしばしば進化して大木になるという。

　M. Biddick他著「Plants obey (and disobey) the island rule (2019)」、「植物は島嶼化に従う（そして背く）」によると、ダーウィンは多くの島の木が大陸の草本に由来していると記し、また島の草本植物は、光を競って獲得、活用するために丈を伸ばす道を選び、木質性植物に進化したとその書にある。しかし正確にいうと、木本の種子は海洋島には運ばれにくいため、空いた空間（ニッチ）を埋める形で木本化するのだろう。

　ガラパゴスゾウガメは食が乏しい地で、なぜ巨大化したのか、またスカレシアが木になったことも別の観点から証明できると思われる。なにより島の成り立ちの歴史と、生物の進化が不一致という事実もある。

　2022年3月、サンクリストバル島の現生ゾウガメが新種であるとの発表があった。今後この種を基に、南アメリカ大陸中西部からやってきたゾウガメの祖先が、住みつき、さらに諸島内に拡散・進化していった過程を分析する研究が進められることだろう。

　生物進化の実験室「ガラパゴス」は、これからも人々の興味をあつめ、ずっと続いていくのだろう。

あとがき

　二度の渡航から10年が過ぎてしまった。ガラパゴスは私にとって、はるかかなたの遠い国に過ぎなかった。たまたま植物調査のアシスタントとして出かける機会に恵まれた。この必然性がなければ、自然に関わる仕事をしていても、かの地を踏むことはなかったと思う。

　大陸から1,000kmも離れた海洋島は、見る場所が限定され、季節に阻まれ、目に見えない制約もあり、出会えないものがたくさんあった。それでも旅行者としてではなく、短期間であっても島で暮らすことで見えたものがある。自然との関わり方、民族や文化、社会の違い、それらを書き出してみた。また動物ばかりでなく、植物にも興味を持って欲しいという思いもある。

　東日本大震災後、ガラパゴスはガラリと変わった。賑わいが増し、プエルトアヨラの港の周辺は都会並に混雑してきた。とはいっても自然の貴重さは少しも変わることはない。新たなニュースが次々ともたらされている。ゴジラウミイグアナの命名、フェルナンディナ島のゾウガメ再発見、サンクリストバル島の新種ゾウガメ発見などがその例である。新たな知らせは、これからも続くことだろう。

　ガラパゴス諸島発見者のフレイ・トマス・デ・ベルランガ司教の銅像をエクアドルの旅行社のホームページ上に発見した。像は彼の生誕地 スペインにある。スペイン国王フェリペ二世の名前に由来する国、フィリピンに教育支援で通っていた頃の1996年、NPO「ビラーンの医療と自立を支える会」を主宰する山崎登美子さんとマニラの国立博物館を訪れた。展示第一室は帆船を背景に、十字架を高くかざすマゼランが描かれた巨大な絵画が正面に掲げられ、さらにスペイン貴族の肖像画が多数壁面にあり、荘厳な空気が漂っていた。山崎さんを通じて信仰と文化背景など学ぶものが多く、後日、「大航海時代以降は国益優先、ガラパゴス発見報告はスペイン国王になされたのでは」と、説明を受けた。ガラパゴスとは直接関わりはないが、ただフィリピンとガラパゴス、どちらもスペイン文化が共通し、私にとって一連の流れのなかにある。

　JICAの熊谷とも絵さんには廃棄物処理センター見学をはじめとする島内の情報をたくさんいただいた。また、廃棄物処理センターの現地職員の方とのホームパーティーや塩田行きのお誘いはうれしかった。同じくJICAの柴田一輝さんにもいろいろお気遣いいただいた。帰国後今日まで数々の質問にエクアドル旅行社メトロポリタンツーリング社の谷口秀夫さんは誠実に対応してくださった。

　サンタクルス島の港で出会ったアルゼンチン日系二世の医師御一家宮川カルロスさん、さよ子さん、セシリアさんには、南米にお住まいの方ならではの知見や情報を頂いた。後日来日された折、小笠原諸島へご一緒した。

　これを記すに当たり、地名など、記憶も記録も定かではないとき、日本の株式会社アートツアー社ホームページを閲覧し、その詳細な案内に助けられた。

　読んで下さる皆さまには、動物・植物の名称や地名など、その他もろもろの相違のご指摘や、ご教示、ご指導をお願いしたい。

　出版に際し、三省堂書店出版事業部の高橋淳さん、山口葉子さんには大変ご苦労をおかけした。深く感謝したい。

自然の保全が必須なガラパゴスにおいては、国の予算のほか、入島料のおよそ半分が国立公園管理局の運営に充当されている。観光客が増えると保全に回る資金も増える仕組みである。島の経済は観光によって成り立つのは他の地と同じであるが、「入島料」という全員対価で、脆弱な自然が保全されるという点においては、ガラパゴスは特異な例になる。

　しかし、昨今のコロナによる入島者激減（＝入島料激減）で、保全が懸念される。島の人々の暮らしも窮状が伝えられている。早い収束を願うばかりである。

　最後に、社会人ボランティアのスタートを切った富士箱根伊豆国立公園と今回のガラパゴスでの体験が、ハコネコメツツジとペルネチアという植物によって25年後につながるとは思ってもみなかった。この活動には「日本自然保護協会入会」と「自然観察指導員になること」が義務付けられていた。活動に際し心掛けたことは「自然の気づき」であり、知識に偏ることなく自然と接することを、今後も続けていきたい。

　自然の保全とその手法が、どこにでも行き亘っていくことを望み、また「日本ガラパゴスの会」の役割に期待しつつ、益々の発展を願う。

Sustainable　GALAPAGOS！

（2022年3月）　倉田　智子

写真提供：倉田　重夫・倉田　薫子・倉田　雄一・平磯　寿樹・室田　貴子・稲川　崇史
GPS画像処理：矢ケ部　重隆
お世話になった方々：熊谷　とも絵・柴田　一輝・新宮領　篁・谷口　秀夫・山崎　登美子

（いずれも敬称略）

参考文献

・新木秀和（2004）.「ガラパゴスにおける社会紛争－海洋資源管理問題を中心に」神奈川大学
　　http://human.kanagawa-u.ac.jp/gakkai/publ/pdf/no154/15402.pdf
・Charles Robert Darwin（1845）.「ビーグル号航海記 下」第5刷 訳者 島地威雄 昭和39年 岩波書店
・ガラパゴス廃棄物センター（2012）.「廃棄物とリサイクルの管理システム」
・長谷川俊介（2009）「危機にある世界遺産－ガラパゴス諸島の事例－」国立国会図書館調査及び立
　　法考査局レファレンス平成21年3月号
　　http://www.waseda.jp/sem-fox/memb/08s/misumi/garapagosu.pdf
・伊藤秀三（1964）.「ガラパゴス諸島」自然保護 No.33 p.10～11, No.34 p.6～7 日本自然保護協会
・伊藤秀三（1966）. ガラパゴス諸島「進化論」のふるさと　中央公論社
・伊藤秀三（1971）.「ガラパゴス再訪記」自然保護 No.111 p.2～4 日本自然保護協会
・伊藤秀三（1983）. ガラパゴス諸島　新版「進化論」のふるさと　中央公論社
・伊藤秀三（1985）.「ガラパゴス諸島」生き物たちの進化と生態 岩波書店
・伊藤秀三・西原弘（2016）.「日本・ガラパゴス50年史」日本ガラパゴスの会
・勝山輝男（2012）. 日本で記録されたイネ科オヒゲシバ属の外来種　神奈川県立博物館研究報告（自
　　然科学41）: p.27～33.
・黒沢高秀（2001）. 日本産雑草性ニシキソウ属（トウダイグサ科）植物の分類と分布　Acta Phyto-
　　tax. Geobot. 51（2）: p.203～229
・Jensen E. L. et.al.（2022）.「A new lineage of Galapagos giant tortoises identified from museum
　　samples」 Heredity; https://doi.org/10.1038/s41437-022-00510-8
・M. Biddick, A. Hendriks, K. C. Burms（2019）.「Plants obey（and disobey）the island rule」
　　PNAS : https://doi. org/10.1073/pnas.1907424116
・NHK特別取材班　（1964）.「南アメリカ―自然と人間」日本放送出版協会
・西原弘, 伊藤秀三, 松岡數充（2008）.「ガラパゴス諸島世界自然遺産第1号登録地の栄光と挑戦」
　　地球環境13　p.41～50
・西原弘, 海津ゆりえ（2004）.「遺産」としてのガラパゴス諸島の生態系管理の現状と課題　西山徳
　　明編「文化遺産マネジメントとツーリズムの現状と課題」国立民族学博物館調査報告51　p.229～
　　245
・日本ガラパゴスの会（2010）.「ガラパゴスのふしぎ」ソフトバンククリエイティブ
・日本ガラパゴスの会（2018）.「JAGA NEWS」No. 21,（2020）「JAGA NEWS」 No. 25
・小川眞里子（2010）.「ダーウィンの生物学」学術の動向　特集1「ダーウィン生誕200年―その歴史
　　的・現代的意義―」p.28～35
・P.C.H.Pritchard.（1979）. Encyclopedia of Turtles　T.F.H.Publications,Inc.
・佐久間みかよ（2007, 2009）.「英語青年」研究社

153巻5号「ダーウィニズムの行方－エマソンの蠍とメルヴィルの亀の意味するもの」p.33〜36

154巻10号「ダーウィンを読むメルヴィル―それはガラパゴスにはじまる「特集 チャールズ・ダーウィン生誕200年『種の起源』刊行150年記念」p.13〜15

・関口秀夫（2015）.「生物多様性と固有種の関係を巡る若干の考察」タクサ 38: p.42〜56

・清水善和（2017）.「小笠原諸島に学ぶ進化論」技術評論社

・田川日出夫（1987）.「生物の消えた島」福音館書店

・Tui De Roy（2009）.「GALAPAGOS Preserving Darwin's Legacy」David Bateman Ltd.

・William T. Stearn（1973）.「BOTANICAI LATIN」second edition DAVID & CHARLES Ltd.

・湯浅浩史（2009）.「世界の不思議な花と果実：さまざまなしくみと彩り」p.72 誠文堂新光社

Webサイト

・Parque Nacional Galápagos 　　http://www.galapagospark.org/

・Heredity; https://doi.org/10.1038/s41437-022-00510-8

・Galapagos Conservancy 　　https://www.galapagos.org/newsroom/new-taxon-of-giant-tortoise-discovered- in-galapagos-islands/

・IUCN Red List 　　http://www.iucnredlist.org/search

・The Plant List 　　http://www.theplantlist.org/

・Tropicos 　　http://www.tropicos.org/NameSearch.aspx

・Useful Tropical Plants 　　http://tropical.theferns.info/

・D. Vilema.（2017）Five New Sub-Species of the Marine Iguana in Galapagos
http://www.darwinfoundation.org/en/blog-articles/228-five-new-sub-species-of-the-marine-iguana-in-galapagos

・富士山における適正利用推進協議会 　http://www.fujisan-climb.jp/manner/kyoryokukin.html

・Hazard Lab 　　https://sp.hazardlab.jp./know/topics/detail/2/5/25793.html

・JAXA陸域観測技術衛星2号「だいち2号」
http://www.eorc.jaxa.jp/ALOS-2/img_up/jdis_pal2_eruption 　galapagos_20180713.htm

・気象庁 　エルニーニョ/ラニーニャ現象およびエルニーニョ監視海域
http://www.data.jma.go.jp/cpdinfo/monitor/2019/pdf/ccmr2019_outro.pdf 　p.80〜81

・環境省 　https://www.env.go.jp/council/06earth/y060-15/mat_03_2.pdf

・国立環境研究所 　http://www.nies.go.jp/kanko/news/26/26-4/26-4-04.html
マングローブと環境問題 　国環研ニュース26巻
オンラインマガジン「環環－循環・廃棄物の基礎講座」から「日本発 "浄化槽" の海外展開」
http://www-cycle.nies.go.jp/magazine/kisokouza/201201.html
侵入生物データベース 　http://www.nies.go.jp/biodiversity/invasive/DB/toc8_plants.html

・国際協力機構（JICA）資料
（2001）.「ガラパゴス諸島自然環境保全協力事前短期調査報告書」

（2005）．「ガラパゴス諸島海洋環境保全計画運営指導調査報告書」

（2006）．「ガラパゴス諸島海洋環境保全計画中間評価調査報告書」

（2010）．「ガラパゴス諸島海洋保全計画プロジェクト終了時評価報告書」

海外協力隊の世界日記 高間億人（2018）．「レッドマングローブと植林活動」「白と黒のマングローブ」

・国際自然保護連合日本委員会（2018）．「IUCNレッドリストとは」（公財）日本自然保護協会
　　https://www.wwf.or.jp/activities/data/20180615_wildlife03.pdf

・国立民族学博物館　http://www.minpaku.ac.jp/
　みんぱくギャラリー・コラム「日本から遠く離れて」（2018）．毎日新聞「旅・いろいろ地球人」
　月刊みんぱく「朝枝利男とガラパゴス」（2020）．p.2〜9 研究報告 丹羽典生「1930 年代のアメリカ
　における私的探検の考察 : 朝枝利男が参加した探検隊の旅程と経路の分析から」

・長崎大学附属図書館ガラパゴス諸島画像データベース http://gallery lb.nagasaki-u.ac.jp/Galapagos

・日本ガラパゴスの会　http://www.j-galapagos.org/
　2007.11.15~2013.12.2　ガラパゴスほっとニュース　https://galanews.ti-da.net/

・日本科学技術振興機構「ガラパゴスに学ぶ生物の進化」 http://rika-net.com/contents/cp0220f/
　start.html

・大阪市自然史博物館　http://www.mus-nh.city.osaka.jp/QandA/QandA-log10.html

・Vasconez F, Ramón P, Hernandez S, Hidalgo S, Bernard B, Ruiz M, Alvarado A, La Femina P,
　Ruiz G（2018），The different characteristics of the recent eruptions of Fernandina and Sierra
　Negra volcanoes（Galápagos, Ecuador），Volcanica 1（2）：127〜133. DOI:10.30909/
　vol.01.02.127133.

バルトラ島基地関係

・En el ojo films（2004）．「THE ROCK/GALAPAGOS IN WORLD THE WAR Ⅱ」

・Paul H. Harrison「Study of the U. S. Air Forces' Galapagos Islands Base 1947」

・高橋 裕（1962）．「名誉員 青山 士氏をお訪ねして」土木学会誌47−1 p.36〜39

エネルギー関係

・Ministerio de Electricidad y Energia Renovable（2010）「Ergal Un Sistema energetico sustent-
　able para Galapagos」＊ガラパゴス再生可能エネルギープログラム

・Ministerio de Electricidad y Energia Renovable（2007）「Energia Renovable para Galapagos
　Proyecto Ergal」

・三菱UFJ証券（2010）．「エクアドル・ガラパゴス諸島における風力及びジャトロファ油を用いた
　コジェネレーションCDM事業調査報告書」
　http://gec.jp/jpn/cdm-fs/2009/200922MUS_jEcuador_rep.pdf

・三菱UFJモルガンスタンレー証券（2011）．「エクアドル ガラパゴス諸島における風力発電CDM実
　現可能性調査報告書」 http://gec.jp/jpn/cdm-fs/2010/201013MUMSS_jEcuador_rep.pdf

・志村幸美（2011）.「エクアドル・ガラパゴス諸島における風力発電CDM事業/三菱UFJモルガン・スタンレー証券」 クリーンエネルギー8月号 日本工業出版
・富士電機（2015）.「エクアドル共和国に対する日本政府無償資金協力 ガラパゴス諸島向け太陽光発電および出力安定化システムの起工について」
　https://www.fujielectric.co.jp/about/news/detail/2015/20150831103015013.html
・環境展望台 国連気候変動枠組条約（UNFCCC）ANNOUNCEMENT 2018.2.13「Galapagos, Geneva Airports Go Carbon Neutral」
　https://cop23.unfccc.int/news/galapagos-geneva-airports-go-carbon-neutral
・在エクアドル日本国大使館（2015）環境プログラム無償資金協力 taiyoukou.pdf（emb-japan.go.jp）

経済関係

・Response.（Automotive media）船外機 http://response.jp/article/2014/07/16/227773.html
・ミシン業界の世界市場シェアの分析 http://deallab.info/sewing/
・市場一覧（デジタルカメラ）http://vdata.nikkei.com/newsgraphics/share-ranking/#/year/latest/chart-cards

海鷹丸関係

・新野 弘（1960）. ガラパゴス群島 調査報告東京水産大学新聞縮刷版1984.2 東京水産大学新聞OB会
・新野 弘ほか（1960）. 世界の旅・日本の旅 No.11「特集ガラパゴス諸島」p.47〜106 修道社
・新野 弘（1960）. ガラパゴス群島調査概要. 地学雑誌69巻3号p.128〜137
・新野 弘（1962）. ガラパゴス群島 世界地理風俗体系5 南アメリカ p.344〜350 誠文堂新光社
・小沢敬次郎（1960）. 海鷹丸第12次南米方面練習航海記（1）（2） 東京水産大学「楽水No.615,616」
・小沢敬次郎（1961）. ガラパゴス群島事情および同群島周縁の航海について 日本航海学会「航海」p.45〜49
・東京水産大学新聞 昭和34年11月27日 第32号 大学祭特集号1984.2.縮刷版 東京水産大学新聞OB会
・東京水産大学 七十年史 昭和36年5月25日 東京水産大学創立七十周年記念会
・東京水産大学 百年史通史編 平成元年4月26日
・伊豆シャボテン公園 社史編纂委員会（昭和62年）魁・先駆けた伊豆の開発30年
・伊豆シャボテン公園伊豆資源生物アカデミー（1996）サボテン多肉植物330種 新星出版社
・東京農業大学（2015）. 近藤典生と自然動植物公園 第5回農大ロビー展 解説書
　http://nodaiweb.university.jp/muse/kondo/nodai_kondo2015_note.pdf
・東京海洋大学マリンサイエンスミュージアム www.s.kaiyodai.ac.jp/museum/public_html
・東京都恩賜上野動物園（1982）. 上野動物園百年史 p.347
　https://www.tokyo-zoo.net/ebooks/ueno100/index.html
・山崎柄根（2012）. 関口晃一博士（1919–2012）を想う タクサ日本動物分類学会誌 No. 33：1〜3

  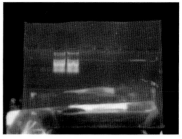

植物標本庫での作業　　　　　　ダーウィン研究所の分子系実験室　　抽出したDNA

　監修者・倉田薫子はチャールズ・ダーウィン研究所の客員研究員として2010年9月から一年間サンタクルス島に滞在し、多くの島々を巡って植物を採集した。研究テーマは、固有種と近縁種のDNA塩基配列を解読し固有種の起源を解き明かそうというものであった。（日本・ガラパゴス50年史　p31より）

Pernettya mucronata　（ツツジ科ペルネチア属）

著者紹介：1985より（公財）日本自然保護協会 自然観察指導員（自然保護功労賞 2019年）

　　　　　1996より 環境省 環境カウンセラー市民部門

　　　　　環境庁・富士箱根伊豆国立公園（箱根）元サブレンジャー

　　　　　(学法)NHK学園 自然観察講座元講師

　　　　　(公財)日本環境協会こども環境相談室元相談員

　　　　　(公社)日本河川協会会員

　　　　　手賀沼水環境保全協議会水生植物再生活用事業検討委員会委員

著　　作：2009年12月　『利根川増補計画「昭和放水路をたどる」』（崙書房出版）

分担執筆：2009年2月　『緑化エコリーダーになろう』（東京商工会議所・中央経済社）

　　　　　2009年4月　『子どものための環境用語事典』（汐文社）

　筆者は本書監修者の調査研究助手としてガラパゴスに一時期同行した。助手登録に当たり、熱帯におけるフィールドワークと経歴書をダーウィン研究所に提出した。

環境カウンセラーのガラパゴス見聞録

発　行　日　令和4年6月30日　　初版第一刷

著　　　者　倉田 智子

監　　　修　倉田 薫子（横浜国立大学）

発　行　所　株式会社 三省堂書店／創英社

　　　　　　〒101-0051　東京都千代田区神田神保町1-1

　　　　　　Tel：03-3291-2295　Fax：03-3292-7687

印刷／製本　信濃印刷株式会社